酒水服务

JIU SHUI FU WU

主编◎陈祖国 钱俊琪

经济管理出版社
ECONOMY & MANAGEMENT PUBLISHING HOUSE

图书在版编目（CIP）数据

酒水服务/陈祖国，钱俊琪主编．—北京：经济管理出版社，2015.8
ISBN 978－7－5096－3914－6

Ⅰ．①酒…　Ⅱ．①陈…　②钱…　Ⅲ．①酒—基本知识—中等专业学校—教材 ②酒吧—商业服务—中等专业学校—教材　Ⅳ．①TS971②F719.3

中国版本图书馆CIP数据核字(2015)第203846号

组稿编辑：魏晨红
责任编辑：魏晨红
责任印制：黄章平
责任校对：赵天宇

出版发行：经济管理出版社
（北京市海淀区北蜂窝8号中雅大厦A座11层　100038）
网　　址：www.E－mp.com.cn
电　　话：(010) 51915602
印　　刷：北京市海淀区唐家岭福利印刷厂
经　　销：新华书店
开　　本：787×1092/16
印　　张：9.75
字　　数：250千字
版　　次：2015年8月第1版　　2015年8月第1次印刷
书　　号：ISBN 978－7－5096－3914－6
定　　价：32.00元

编 委 会

前　　言

《酒水服务》是中等职业院校酒店专业规划教程之一，是一门研究酒水知识和酒吧服务与管理、理论与实践并重的课程，课程的实践性、实用性、时代感很强，在拓宽学生知识面和提高动手能力方面起到重要的作用。

本书共分为五大项目、26个任务，具体地说，本课程的教学内容由“酒水的认知”、“酒吧设备、用具的认知”、“鸡尾酒调制”、“酒水服务”、“酒吧工作”五大项目组成，通过对五大项目的描述，对学生在学习酒水知识时提出了相应的技能要求、知识要求、价值观要求。本书积极探索新的教学模式和方法，教师在教授过程中，可以多种教学方法并用，如讲解法、项目运作法、案例分析法、角色扮演法、师生互动法等。因此，在教学设计中，提倡在重视实践操作能力的同时，注重理论的渗透；要能激发学生的学习兴趣和创造力；突出独立完成与合作完成的能力；制订明确的评分标准，可以对完成的项目是否达到教学目的进行评价。本书既可作为中等职业学校酒店管理专业用书，同时也是旅游管理与饭店管理相关从业人员理想的自学读物。

由于酒水产业发展较快，加之编者水平有限，书中的疏漏和不妥之处在所难免，敬请广大读者提出宝贵意见。

编者

2015年6月

目　录

项目一　酒水的认知

酒水，就是可供人饮用的、经过加工制造的液体食品，它包括一切含酒精的饮料和不含酒精的饮料。含酒精的饮料称为“硬料”，即“酒”。不含酒精的饮料称为“软料”，即“软饮料”。

【学习目标】

知识目标：

1. 掌握知名发酵酒的特点，了解其使用基本特质。
2. 掌握知名蒸馏酒的特点，了解其使用基本特质。
3. 掌握知名配制酒的特点，了解其使用基本特质。
4. 掌握知名无酒精饮料的特点，了解其使用基本特质。

能力目标：

能够根据不同酒的特点，向顾客推荐不同类型的酒。

任务1　认知发酵酒

发酵酒（有时也称酿造酒、原汁酒、压榨酒等），指含糖或淀粉的原料在发酵剂的作用下，使糖分或淀粉最终转化成乙醇及二氧化碳，用这样的方法酿制而成的酒液。此类酒的酒精含量一般在20%以下（vol20%），富含各类对人体有益的物质，刺激性较小。常见的发酵酒有葡萄酒、啤酒、中国黄酒、日本清酒等。从酒文化发展史来讲，发酵酒是人类最早饮用的酒水，是用最原始的制造方法生产出来的。世界上最具代表性的发酵酒就是葡萄酒。

一、葡萄酒

葡萄酒是用新鲜的葡萄或葡萄汁经发酵、陈酿、过滤、澄清等一系列的工艺流程所制成的酒精饮料。葡萄酒通常分为红葡萄酒、白葡萄酒和气泡酒三种，被称为“酿造酒之王”，是当今世界消费量最大的酒精饮品之一。按照国际葡萄酒组织的规定，葡萄酒只能是破碎或未破碎的新鲜葡萄果实或汁完全或部分酒精发酵后获得的饮料，其酒精度一般在8.5～16.2度；按照我国最新的葡萄酒标准GB15037－2006规定，葡萄酒是以鲜葡萄或葡萄汁为原料，经全部或部分发酵酿制而成的，酒精度不低于7.0%的酒精饮品。决定葡萄酒好坏的六大因素是：葡萄品种、气候、土壤、湿度、葡萄园管理和酿酒技术。同样的葡萄，种在山坡上就与山脚下不同；例如，海拔上升则温度下降，采摘时间就得延后；阳光照射时间也很重要，太少则酸，太多则甜；土壤不同，质量也不同，土地越贫瘠，酿出的葡萄酒越好。在法国，有许多用于酿造高品质的酒的葡萄都是生长在富有活性钙的土质上的，如板岩、白垩土、石灰土、沙石冲积土、花岗石、泥灰岩和高岭土，土地肥沃则葡萄含糖量过高。湿度也重要，看得见河流的地方才能酿出好酒。之所以法国葡萄酒最好，是因为法国在上述六大因素上具备天赐优厚的条件。

（一）葡萄酒的成分及益处

1. 葡萄酒的主要成分

葡萄酒不仅是水和酒精的溶液，它有丰富的成分：

（1）80%的水。这是生物学意义上的纯水，是由葡萄树直接从土壤中汲取的。

（2）9.5%~15%的乙醇，即酒精。经由糖分发酵后所得，略甜，而且给葡萄酒以芳醇的味道。

（3）酸。有些来自于葡萄，如酒石酸、苹果酸和柠檬酸；有些是酒精发酵和乳酸发酵生成的，如乳酸和醋酸。这些主要的酸，在酒的酸性风味和均衡味道上起着重要的作用。

（4）酚类化合物。每公升1~5克，它们主要是自然红色素以及单宁，这些物质决定葡萄酒的颜色和结构。

（5）每公升0.2~5克的糖分。不同类型的酒糖分含量不同。

（6）芳香物质（每公升数百毫克）。它们是挥发性的，种类很多。

（7）氨基酸、蛋白质和维生素（C，B1，B2，B12，PP）。它们影响着葡萄酒的营养价值。

2. 喝葡萄酒的益处

逢年过节或聚会，餐桌上总少不了酒来助兴。可说到酒，种类繁多，并且喝酒也开始注重健康和精神文化的享受了。其中，对人体健康最有好处的，当首推葡萄酒，尤其是红葡萄酒。红葡萄酒外观一般呈深红色，晶莹透亮，犹如红宝石。打开瓶盖，酒香沁人心脾，啜一小口，细细品味，只觉醇厚宜人，满口溢香。缓缓咽下之后，更觉惬意异常，通体舒坦。从医学的最新研究结果看，饮用红葡萄酒的好处有以下几个方面：

（1）延缓衰老。红葡萄酒中含有较多的抗氧化剂，如酚化物、鞣酸、黄酮类物质、维生素C、维生素E、微量元素硒、锌、锰等，能消除或对抗氧自由基，所以具有抗老防病的作用。

（2）预防心脑血管病。红葡萄酒能使血液中的高密度脂蛋白（HDL）升高，而HDL的作用是将胆固醇从肝外组织转运到肝脏进行代谢，所以能有效地降低血胆固醇，防治动脉粥样硬化。不仅如此，红葡萄酒中的多酚物质，还能抑制血小板的凝集，防止血栓形成。虽然白酒也有抗血小板凝集作用，但几个小时之后会出现“反跳”，使血小板凝集功能比饮酒前更加亢进，而红葡萄酒则无此“反跳”现象，在饮用18小时之后仍能持续地抑制血小板凝集。

在心血管疾病发病率愈来愈高的今天，法国人的心血管疾病发病率在欧美各国中排名

最低，尽管法国人与其他西方人一样，每日三餐食用大量黄油、肉类和其他高脂肪、高热量食物，这个奇怪的现象被科学家称为“法兰西之谜”。专家指出，法国人的心血管病发病率低与他们经常饮用葡萄酒有关。

（3）预防癌症。葡萄皮中含有的白藜芦醇，在数百种人类常吃的植物中抗癌性能最好。可以防止正常细胞癌变，并能抑制癌细胞的扩散。在各种葡萄酒中，红葡萄酒中白藜芦醇的含量最高。因为白藜芦醇可使癌细胞丧失活动能力，所以红葡萄酒是预防癌症的佳品。

（4）美容养颜作用。自古以来，红葡萄酒作为美容养颜的佳品，备受人们喜爱。有人说，法国女子皮肤细腻、润泽而富于弹性，与经常饮用红葡萄酒有关。红葡萄酒能防衰抗老，使皮肤少生皱纹。除饮用外，还有不少人喜欢将红葡萄酒外搽于面部及体表，因为低浓度的果酸有抗皱洁肤的作用。虽然饮用红葡萄酒的好处非常多，然而也有量的限制。专家认为，饮用红葡萄酒，按酒精含量12%计算，每天不宜超过250毫升。

（二）葡萄酒的特点与分类

1. 葡萄酒的特点

葡萄酒在各类酒精饮品中占据着十分重要的地位。它不仅历史悠久，酿酒技术设备先进且产销量大，是最普遍的低酒精度佐餐酒。以葡萄酒为基酒制成各种强化或调香型的配制酒成为外国酒类市场极其重要的饮料。

不同的葡萄酒均有独特的色、香、味，并形成各自的风格。葡萄酒的色泽主要来自葡萄果实的表皮和陈酿用的木桶色素等物质，不同的葡萄品种、不同的酿造工艺，制造出颜色深浅不一的葡萄酒。葡萄酒的香气包括果香和酒香两个部分。酒龄短的葡萄酒往往果香浓郁，酒龄长的则酒香突出。优质葡萄酒在色、香、味等三个方面均配合得当，恰到好处。

葡萄酒的质量等级划分极为严格。如法国，最优秀的葡萄酒是以原产地的名称作为商标，并享有“国家产地名称机构”（I. N. A. O.）授予的“产地名称管制”（A. O. C.）的使用资格。因此，在商标上出现的各种村庄、葡萄园的名称越明确，葡萄酒的档次就越高。葡萄酒质量监控制度在多数葡萄酒生产国广为实行，各国均有各自一套管理制度。

成品葡萄酒装瓶后贮存到一定时间，酒质能达到最佳状态，以后会缓慢地老化。一般来说，红葡萄酒的“寿命”比白葡萄酒长。普通红葡萄酒可贮存2～5年，好的红葡萄酒可贮存6～20年或更长的时间。白葡萄酒存放1～3年，优质白葡萄酒可存放4～12年。因此，葡萄酒具有陈贮升值的特点。

2. 葡萄酒的分类

葡萄酒的品种很多，因葡萄的栽培、葡萄酒生产工艺条件的不同，产品风格各不相同，一般按酒的颜色深浅、含糖量多少、含不含二氧化碳及采用的酿造方法来分类，国外也有采用以产地、原料名称来分类的，具体如下：

（1）按酒的颜色分类。以成品颜色来说，可分为红葡萄酒、白葡萄酒及粉红葡萄酒三类。

红葡萄酒：细分为干红葡萄酒、半干红葡萄酒、半甜红葡萄酒和甜红葡萄酒。红葡萄酒采用皮红肉白或皮肉皆红的葡萄经葡萄皮和汁混合发酵而成。酒色呈自然深宝石红、宝石红、紫红、石榴红、洋葱皮色、红棕色或血红色等若干种，凡黄褐、棕褐或土褐颜色，均不符合红葡萄酒的色泽要求。通常红葡萄酒酒精度为 12 度左右。优质红葡萄酒的特点是：红宝石一样的色泽；酒味浓而不烈，酒香悠长，醇和协调；口感温和、滑润，没有过酸的味道。

白葡萄酒：细分为干白葡萄酒、半干白葡萄酒、半甜白葡萄酒和甜白葡萄酒。白葡萄酒采用白葡萄或皮红肉白的葡萄分离发酵制成。酒的颜色微黄带绿，近似无色或浅黄、禾秆黄、金黄等色泽，凡深黄、土黄、棕黄或褐黄等色，均不符合白葡萄酒的色泽要求。优质白葡萄酒应具备的优点是：酒体清亮透明，色泽淡黄；有水果香气，回味悠长；爽口、圆润、协调。

玫瑰红葡萄酒：用带色的红葡萄连皮、渣和汁一起进行短时间发酵后，汁与皮渣分离，汁再单独进行发酵所制成的酒。酒色为淡红、桃红、橘红或玫瑰色等几种色泽，凡色泽过深或过浅均不符合玫瑰葡萄酒的要求。这一类葡萄酒在风味上具有新鲜感和明显的果香，含单宁不宜太高。玫瑰香葡萄、黑皮诺、佳丽酿、法国蓝等品种都适合酿制玫瑰红葡萄酒。另外，红、白葡萄酒按一定比例勾兑也可算是玫瑰红葡萄酒。玫瑰红葡萄酒酒精度为 11 度左右，优质玫瑰红葡萄酒应具有新鲜口味、醇和的酒香和明显的果香味。

（2）按含糖量分类。根据葡萄酒每升的含糖量分类，可以分为以下几种：

极干（Extra – Dry）葡萄酒，含糖量在 0.5 克/升以下，极不甜。

干（Dry）葡萄酒，含糖量在 0.5 ~4 克/升，品尝不出甜味，具有洁净、幽雅、香气和谐的果香和酒香。

半干（Medium – Dry）葡萄酒，含糖量在 4 ~ 12 克/升，微具甜感，酒的口味洁净、幽雅、味觉圆润，具有和谐愉悦的果香和酒香。

半甜（Medium – Sweet）葡萄酒，含糖量在 12 ~45 克/升，具有甘甜、爽顺、舒愉的果香和酒香。

甜型（Sweet）葡萄酒：含糖量大于 45 克/升，具有甘甜、醇厚、舒适、爽顺的口味，具有和谐的果香和酒香。

（3）根据酿造方法分类。按酿造方式来说，可以分为天然葡萄酒、加强葡萄酒、加香葡萄酒和葡萄蒸馏酒四类。

天然葡萄酒：完全采用葡萄原料进行发酵，发酵过程中不添加糖分和酒精，选用提高原料含糖量的方法来提高成品酒精含量及控制残余糖量。

加强葡萄酒：发酵成原酒后用添加白兰地或脱臭酒精的方法来提高酒精含量的葡萄酒，叫加强干葡萄酒；既加白兰地或酒精，又加糖以提高酒精含量和糖度的叫加强甜葡萄酒，我国叫浓甜葡萄酒。

加香葡萄酒：采用葡萄原酒浸泡芳香植物，再经调配制成，属于开胃型葡萄酒，如味美思、丁香葡萄酒、桂花陈酒；或采用葡萄原酒浸泡药材，精心调配而成，属于滋补型葡萄酒，如人参葡萄酒。

葡萄蒸馏酒：采用优良品种葡萄原酒蒸馏，或发酵后经压榨的葡萄皮渣蒸馏，或由葡萄浆经葡萄汁分离机分离得到的皮渣加糖水发酵后蒸馏而得，一般再经细心调配的叫白兰地，不经调配的叫葡萄烧酒。

葡萄汽酒：除法国香槟区以外任何一个地方生产的有汽白葡萄酒均叫葡萄汽酒。葡萄汽酒多数采用人工方法，在白葡萄酒中直接加入二氧化碳。这种方法要比香槟法来得简

便。具体制作步骤是：以上等的白葡萄酒为基酒，加入糖、特制香料、白兰地（或食用酒精）等原料，混合均匀后进行冷冻、过滤，然后再用人工的方法加入二氧化碳，最后装瓶即成。葡萄汽酒的酒精度为 12 ~ 13 度，酒体呈淡黄色，酒香近似香槟酒，售价较便宜。

（三）葡萄酒等级

世界上产葡萄酒的国家很多，不同地区的葡萄酒等级划分标准不一，主要介绍如下：

1. 法国葡萄酒等级（见图 1 – 1）

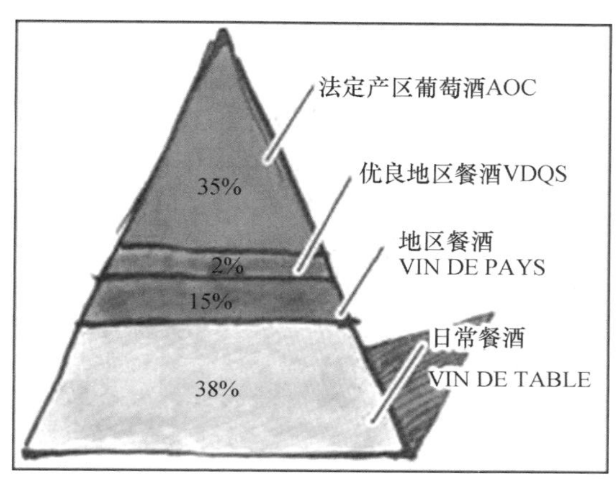

图 1 – 1 法国葡萄酒等级划分图

（1）法定产区葡萄酒。级别简称 AOC，是法国葡萄酒最高级别，AOC 在法文中的意思为“原产地控制命名”。原产地地区的葡萄品种、种植数量、酿造过程、酒精含量等都要得到专家认证。只能用原产地种植的葡萄酿制，绝对不可和别地葡萄汁勾兑。AOC 产量大约占法国葡萄酒总产量的 35%，酒瓶标签标示为 Appellation + 产区名 + Controlee。凡属于 AOC 的酒，必须符合以下规定：标明原产地名；葡萄品种的名称；酒精浓度一般都在 10% ~13%；限定葡萄园每公顷的生产量，以防止过量生产而使质量降低；规定它的栽培方式，含剪枝、去蕊、去叶及施肥的标准；采收葡萄时，符合含糖分量的规定才能发酵；发酵方式；贮藏的规定；装瓶的时机。如图 1 – 2 所示。

（2）优良地区餐酒。级别简称 VDQS，此为品质优良的上等餐酒，是属于优良地区所生产的，相比较于 AOC 的限制条件也差不多，但检定执行较为宽松。此种等级是普通地区餐酒向 AOC 级别过渡所必须经历的级别，如果在 VDQS 时期酒质表现良好，则会升级为 AOC。产量只占法国葡萄酒总产量的 2%，酒瓶标签标示为 Appellation + 产区名 + Qualité Supérieure。如图 1 – 3 所示。

（3）地区餐酒。VIN DE PAYS（英文意思 Wine of Country），日常餐酒中最好的酒被升级为地区餐酒，地区餐酒的标签上可以标明产区，可以用标明产区内的葡萄汁勾兑，但仅限于该产区内的葡萄，产量约占法国葡萄酒总产量的 15%，酒瓶标签标示为 Vin de Pays + 产区名。法国绝大部分的地区餐酒产自南部地中海沿岸。如图 1 – 4 所示。

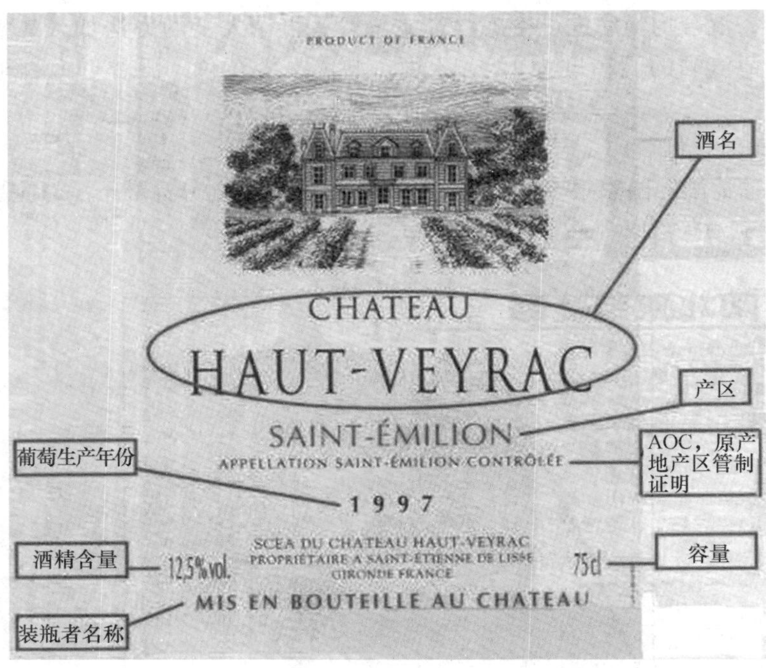

图 1－2 AOC 酒标

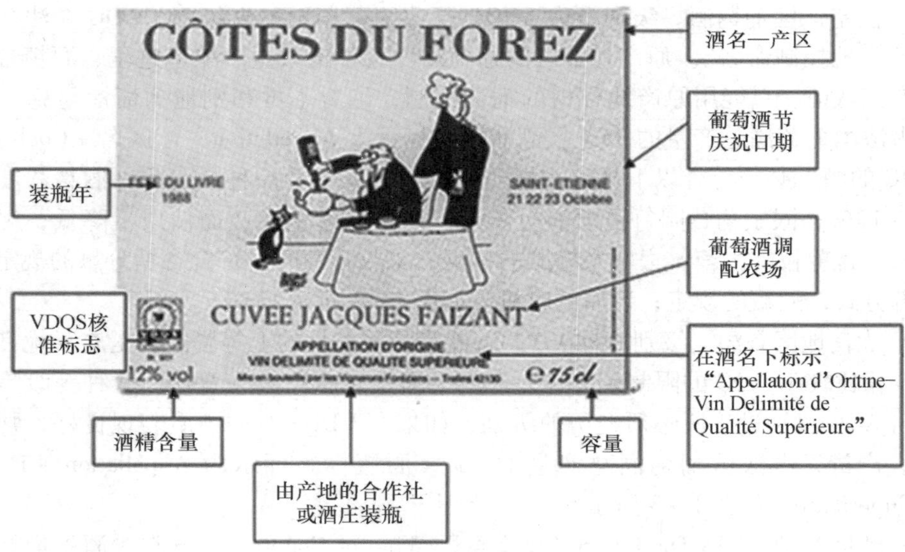

图 1－3 VDQS 酒标

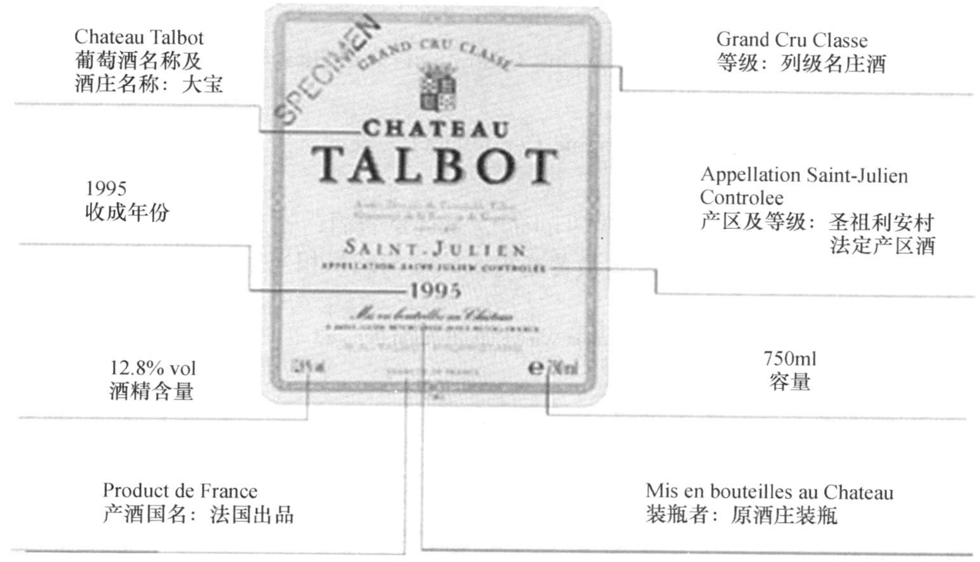

图 1－4　VIN DE PAYS 酒标

（4）日常餐酒。VIN DE TABLE（英文意思 Wine of the table），适合于一般佐餐调配的葡萄酒，占法国葡萄酒产量的 75%。法国本土多喝此级酒，它不限制年份、葡萄品种产地及包装；若是出口，只要注明“法国产制”即可。是最低档的葡萄酒，作为日常饮用酒，可以由不同地区的葡萄汁勾兑而成，如果葡萄汁限于法国各产区，可称法国日常餐酒。不得用欧共体外国家的葡萄汁，酒瓶标签标示为 Vin de Table。如图 1－5 所示。

图 1－5　VIN DE TABLE 酒标

2. 意大利葡萄酒分级（见图1－6）

（1）DOCG（Denominazione di Origine Controllatae Garantita），表示法定产区的优质葡萄酒，是最高级。

（2）DOC（Denominazione di Origine Controllata），表示法定产区酒，约等同于法国的AOC等级。

（3）IGT（Indicazione Geografiche Tipici），是优良餐酒，相当于法国的VDP等级。

（4）VdT（Vino da Tavola），是最普通等级的葡萄酒，相当于法国的VDT等级。

图1－6　意大利葡萄酒等级划分

3. 德国葡萄酒分级

（1）Tafelwein：相当于法国的VDP等级，日常餐酒。

（2）Landwein：相当于法国的VDP等级，地区餐酒。

（3）Qualitaetswein bestimmter Anbaugebiete：简称QbA，优质葡萄酒，相当于法国的VDQS。

（4）Qualitaetswein mit Praedikat：简称QmP，特别优质酒，相当于法国的AOC等级。

以前说过在德国由于啤酒是日常消费的酒精饮料，所以对于低档的日常餐酒需求量几乎为零，QbA以上的葡萄酒产量约为总产量的98%，第一、第二个等级在德国本土都很少能够见到，国际市场上就更难看到了。QmP级别内根据葡萄不同的成熟度，还可以细分为6个等级：

（1）珍藏（Kabinett），这个等级是由完全成熟的葡萄酿制的。这一等级最早是说明这种葡萄酒可以禁得起一定时间的陈酿，但是现在它是QmP等级里面最低的一等了。酒通常也是比较清淡的，在一些酒厂里，使用那些来自有名望的葡萄园的名贵品种，即使是在此级别内依然能够呈现足够细致优雅的风味。

（2）晚采（Spätlese），顾名思义它收获的时间要比珍藏晚一些，让葡萄含有更高的糖分。此等级的葡萄酒如同Kabinett一样，呈现类似的风格，只是要比Kabinett等级的酒体稍重一些，更加丰满一些，也可以配上味道更加浓郁的菜色。Kabinett和Spätlese既可以是干型的，也可以是半甜的，这完全取决于酿酒师所期望的风格，这两种等级和QbA等级的葡萄酒，是全德国产量、消费量最大的一部分。

（3）精选（Auslese），按照字面的理解，这个等级在收获的时候要对葡萄进行选择，

收获时间比晚采还要晚一些，达到这一级有一些葡萄可能会有点轻微的贵腐感染，表面带有些贵腐霉菌。此等级算是日常能够消费到的德国葡萄酒里面的最高等级了，价格自然也会昂贵一些。虽然大多数 Auslese 等级的葡萄酒是甜的，但是也有极少数干型的。好的 Auslese 等级的葡萄酒可以陈酿 15～20 年之久，可以配浓郁口味的菜肴，比较甜的酒可以作为甜点酒用。当然他本身就可以作为甜点直接饮用。

（4）颗粒精选（Beeren Auslese，BA），这是由贵腐霉感染的葡萄酿制的甜酒，由于收获时只选用那些经过贵腐作用的葡萄，需要对葡萄一颗一颗地进行选择，所以有颗粒精选的名字。这一等级的酒全都属于甜点酒的类型，当然他们本身也是甜点可以单独享用，同时也可以配鹅肝或者扒烤蚝等口味重的菜肴。

（5）冰酒（Eiswein），是用冰冻的葡萄酿造的酒。他在 QmP 的等级中有些特别，德国法律要求他的糖度和 BA 一样，但是它却是使用没有感染过贵腐霉菌的“健康”葡萄酿造的。按照德国葡萄酒法律，葡萄要在自然状态下，在零下 8℃ 的低温以下，经过最少 6 小时自然冰冻，然后进行压榨、发酵酿成的。

（6）贵腐精选（Trocken Beeren Auslese，TBA），用深度贵腐感染的葡萄酿成，葡萄大概要失去95% 的水分，酿成的酒也最甜。TBA 等级的葡萄酒有的时候就如同蜂蜜那么浓稠，由于产量很少所以价格通常很高。

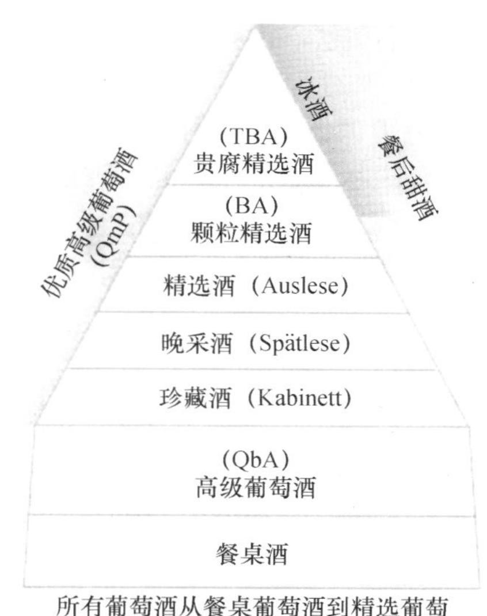

图 1－7　德国葡萄酒等级划分

（四）著名葡萄酒产地

著名的葡萄酒多集中在欧洲的法国、意大利、德国、西班牙、葡萄牙等西欧国家。其中法国的葡萄酒品种最多，品牌酒品享誉最高，深受世界各国消费者的青睐。

1. 法国葡萄酒

法国葡萄酒工业产值居本国工业总产值的第一位，这在世界上是少有的。法国葡萄酒不仅产量大、品种多，而且以其卓越的品质闻名于世。法国葡萄酒产区是波尔多、勃艮第、香槟区三个举世公认的著名葡萄酒产地，风行世界的优秀葡萄酒有半数生产于法国这些地区。

（1）波尔多（Bordeaux）。波尔多地区位于法国西南部，自古以来就是法国最重要的葡萄酒产地，占有法国 AOC 级著名葡萄酒的 30% 左右。该区生产红白、玫瑰红及葡萄汽酒，其中以波尔多陈酿红葡萄酒产量最多、最有名气。波尔多葡萄酒酒系十分庞大复杂，可分为许多品种和类别，每一种类别都以产地名称和古堡命名。波尔多有五个著名酒产区：美度、圣埃米利永、格雷夫斯、苏太尼和波梅罗。

（2）勃艮第（Bourgogne 或 Burgundy）。勃艮第位于法国东部一个风景秀丽的地方，其属下的产区由北部的第戎市（Dijon）向南部的里昂市（Lyon）延伸分布，并与其南部纳罗河谷（Rhone Valley）葡萄产区连成一片，形成长达数百公里的葡萄园，种植面积小于波尔多，只有 30000 公顷左右。由于历史原因，勃艮第的城堡均已毁坏，所以葡萄酒没有以古堡名称命名。勃艮第红葡萄酒具有樱桃的甜味，并夹带茴香、玫瑰香、梅里香的复合香味，酒精度略高，口感强劲。勃艮第可分成三大产区，即夏布利、金坡地和南勃艮第。

（3）香槟区（Champagne）。香槟区位于法国北部，原是法国一个大省份名称，后来被划分成几个小省份。香槟酒产地主要集中在现在的马恩省（Mame）境内。法国香槟区有三个著名的产区，即：兰斯山地、马尔尼谷地、白葡萄坡地。其中以位于法国东北 100 公里的斯兰地区出产的香槟酒最有名气。在兰斯 4 万公顷的土地中，大约有 1.8 万公顷土地适宜种植专供生产香槟酒的葡萄。

香槟酒是葡萄酒中最富有吸引力的饮品。香槟酒被美称为“酒中皇后”，它与欢乐、喜庆、胜利连在一起，是重要场合国际宴会的干杯酒。香槟酒极富浪漫色彩，兼具奢华的诱惑力。香槟酒多数呈淡黄色，或无色透明，开瓶时产生令人兴奋的响声，斟后略带白沫，气体充足，细珠串腾，酒香清雅，圆润爽口，回味无穷，酒精度 12 度左右，老少皆宜。

2. 意大利葡萄酒（Vino）

意大利是世界上最大的葡萄酒生产国和消费国。据 1873 年统计，意大利葡萄种植面积，以全国人口平均计算，人均占有 0.4 亩以上，当年生产 1150 万吨葡萄，其中 84% 的葡萄用于酿酒。意大利的葡萄酒平均年产量约 800 万吨，占世界总量的 21%。意大利的葡萄酒种类繁多，风格各异，主要以佐餐红、白葡萄酒最为大众，其酒精含量约在 10% ~11%，这种餐桌葡萄酒在意大利叫做“Vini da Pasto”。高级葡萄酒酒精度必须不低于 13%，至少陈酿四年，头两年是用木桶陈酿，后两年需在瓶中陈酿。意大利北部生产的葡萄酒品质最佳，尤其是皮埃蒙特（Piemont）和托斯卡纳（Toscana）两个省份。其中，奇安蒂、巴罗咯、巴巴莱斯库在世界上相当有名气。意大利葡萄酒品种多，品牌名称常以产地、葡萄品种或业主自定的名称命名，较为复杂。

3. 德国葡萄酒（Wein）

德国是世界著名的葡萄酒生产国之一，生产历史悠久，酿酒技术卓越，质量管理严格，产品在世界上享有较高声誉。但由于地理气候的限制，葡萄种植困难，所以葡萄酒生产工本费高，产品售价比较昂贵。德国以生产白葡萄酒著称，主要采用雷司令（Riesling）、西万尼（Sylvaner）和米勒杜尔高（Muller - Thurgau）三个葡萄品种为原料酿制，其中雷司令是酿制优质葡萄酒的最好品种。德国著名葡萄酒产区主要集中在摩泽尔河和莱茵河两岸地区。

4. 其他国家葡萄酒

（1）西班牙葡萄酒（Vino）。西班牙是世界葡萄种植面积最大的国家之一，葡萄园面积总共160万顷（合2400万亩）。全国约有16000个酒厂，年产葡萄酒400万吨左右，仅次于意大利和法国，居世界第三位。西班牙葡萄酒业历史悠久，早在公元14世纪，英国就已经进口西班牙葡萄酒。1970年，西班牙政府确定了葡萄酒产区，建立了“全国葡萄酒产地命名协会”、“农业生产基金协调会”以及“葡萄酒与葡萄栽培研究所”等管理监督机构。西班牙主要生产红、白、玫瑰红葡萄酒，其中红葡萄酒最有名气。西班牙以红葡萄酒为酒基生产的“雪莉酒”（Sherry）在世界上非常有名气。

（2）葡萄牙葡萄酒（Vinho）。葡萄牙的葡萄种植面积约35公顷（合525万亩），居世界第六位。1979年，葡萄酒产量达100万吨，1981年降至89万吨，年人均消费葡萄酒位居世界前列。葡萄牙酿制葡萄酒历史悠久，酒品种类繁多，质量好，瓶型花样多，包装美观，在国际市场上具有较强的竞争力。主要葡萄酒产地有：明豪绿酒区、杜洛河区和当河酒区。

（3）美国葡萄酒（Wine）。最早的欧洲移民来到美国后，就开始利用当地的野生葡萄（Muscadine and Labrusca）生产葡萄酒。但酿酒用的良种葡萄是后来从国外引进的。1769年，加利福尼亚州的圣地亚哥（San Diego）方济会修道士尼珀罗为了宗教上的用途，首先从外国引进酿酒用的葡萄品种。此后，美国开始发展葡萄种植业，葡萄酒酿造业逐渐发展起来。美国葡萄种植区和葡萄酒工业区，主要集中在以西海岸的加利福尼亚州和东部的纽约州为中心的周边地带，其中加利福尼亚州葡萄酒产量约占全国的85%。1979年，美国十大葡萄酒厂的总产量为136万吨，其中创建于1933年的加州最大葡萄酒厂盖洛公司（E. & J. Gallo）年产量占全美国葡萄酒总产量的30%以上。

（4）澳大利亚葡萄酒（Wine）。澳大利亚葡萄酒用产地名称命名或用葡萄品种命名。许多著名的酿酒厂都拥有自己的葡萄园。著名的红葡萄酒使用赤霞珠葡萄（Cabernet Sauvignon）为原料，而优质白葡萄酒则以雷司令（Riesling）、塞蜜蓉（Semillon）和查当尼（Chardonnay）等葡萄品种为原料制成。澳大利亚葡萄酒生产商每年各自生产出一种风格独特的葡萄酒，并在瓶标上注明“Bin Numbers”进行推销。澳大利亚的主要葡萄酒产区是：新南威尔士州、东部的维多利亚州、南澳大利亚州、西澳大利亚州。其中南澳大利亚州的葡萄酒产量最高，约占全国总产量的2/3。

（五）知名葡萄酒种类

1. 红葡萄品种

（1）赤霞珠（Cabernet Sauvignon）。主要味道特性：青椒、黑醋栗、橡木、香草、咖啡香气、薄荷、巧克力。

原产自法国波尔多，是全世界最受欢迎的黑色酿酒葡萄，生长容易，适合多种不同气候，宜于各地普遍种植。

当葡萄不完全成熟时，它的味道会略带青草及青椒味道，如果是相当成熟的赤霞珠，它的味道较浓郁，通常有很明显的黑莓、黑加仑子味道。美国加州及智利的赤霞珠通常略带薄荷味道。在橡木桶蕴藏过的赤霞珠红酒会有很强烈的橡木、香草、杉木、烟熏等味道，美国加州、智利、澳洲、法国、意大利所出产的赤霞珠红酒味道都相当不错。

（2）品丽珠（Cabernet Franc）。典型香气：青草、红莓子、铅笔芯的气味、巧克力、黑醋栗、青椒、覆盆子。

特有的个性是浓烈青草味，混合可口的黑加仑子和桑葚的果味，因酒体较轻淡，在当地它的主要功能是调和赤霞珠（Cabernet Sauvignon）和梅洛（Merlot）。品丽珠是赤霞珠的远亲，产自法国波尔多区的品丽珠葡萄酒味道较芳香，酒体柔润富有红莓子、黑醋粟栗味道，产自较北面产区的罗瓦尔区或意大利的东北部的往往会有青草的气息，品丽珠经常被称为富有铅笔芯气味的葡萄品种，用品丽珠葡萄酿造的葡萄酒最著名的有奥松庄园（Chateau Ausone）及白马庄园（Chateau Cheval Blanc）。

（3）梅洛（Merlot）。主要特性：李子、青椒、黑醋栗、玫瑰、梅子、黑加仑子、薄荷、黑枣、鲜果蛋糕、巧克力及香料味特性。

梅洛是早熟的一个品种，皮薄，单宁含量低，口感以圆润厚实为主，酸度也较低，喝到嘴里有甘甜味，这并非人工加的糖，而是来自葡萄本身的果甜味；好的梅洛经常有天鹅绒般柔软的质地。由于它的单宁比赤霞珠要轻得多，所以很适合不喜欢刺激口味的消费者，特别是中国人，大部分人品尝后都会被它迷住。梅洛有一个共同点，就是李子果的香气。如果葡萄成熟度好还可以在酒里闻到成熟的李子果和李子干的风味，成熟度不好的酒里会带出青草气味。陈年的梅洛有时会带有香料和动物的气息。

苏维翁红酒通常都会利用梅洛来平衡酒体，一向为苏维翁作嫁衣裳的梅洛地位亦不断提升。现今波尔多昂贵而声名显赫的葡萄酒 Le－Pin（李朋）及 Petrus（柏翠斯）均以梅洛为主。用相当成熟的梅洛葡萄来酿造的葡萄酒富有黑醋栗、黑莓、蓝莓、巧克力及略带香料味道。法国波尔多、美国加州、智利所出产的梅洛红葡萄酒，最能表达梅洛葡萄的原始味道。

（4）加美（Gamay）。特性：香蕉、口香糖、樱桃、草莓气味。

加美葡萄是法国勃艮第宝祖利区的著名葡萄品种，在宝祖利区出产的葡萄酒是采用百分百的加美葡萄酿造，果味芳香、新鲜，富有香蕉、樱桃及草莓的气味，对不喜欢有苦涩味的朋友来说，加美葡萄酒是最好的选择，一般饮用加美葡萄酒最好在 12℃～15℃，因为喝清凉一点的（不是冰冻的那一种）加美葡萄酒其新鲜果香会发挥得较佳、较突出。

它的名气虽然不及赤霞珠、梅洛、黑皮诺来得响亮，但在法国博若莱酿制而成的博若莱新酒却每年为法国赚进亿万的外汇。加美与黑皮诺同为勃艮第产区法定葡萄，曾经盛产于金山麓（Cote d' Or），而现今雄霸博若莱产区（Beaujolais）。加美葡萄在酿酒时，大多采用二氧化碳发酵法（Carbonic Maceration），即原颗葡萄发酵，不经压榨和橡木桶陈酿便装瓶出售。有明显的新鲜樱桃、香蕉和桑葚香味，酒色呈紫红色，不适久存，简单易饮。亦有少数的高级“cru”酒庄会用常规方式酿制出带有咖啡、黑枣气味且可久存的红葡萄酒。

（5）黑皮诺（Pinot noir）。特性：草莓、红莓子、可乐香料、玫瑰、紫罗兰、野生动物味。

黑皮诺葡萄是一种较脆弱，最容易受大自然气候影响的葡萄品种，所以种植黑皮诺葡萄风险也较其他葡萄品种为大。黑皮诺富有独特的红莓子、草莓及樱桃味道，黑皮诺会略带一点薄荷及蔬菜的气味，如果采用较成熟的黑皮诺来酿造葡萄酒则富有果酱、黑松露、野味及皮革的味道。

黑皮诺是法国勃艮第产区红葡萄酒的唯一品种，黑皮诺适合种植于具有偏寒的气候、石灰黏土的山坡地，由于法规所限和果农经验丰富，法国勃艮第地区能产出最优质的黑皮诺葡萄酒。黑皮诺酿的酒有一种水果的香甜味，有樱桃、草莓的果香，又有湿土、雪茄、蘑菇和巧克力的味道。大致来说黑皮诺的单宁和辛辣的口感都不及其他著名的葡萄品种，如赤霞珠和希拉等，但口感非常和谐、自然。能够酿造出细致的红葡萄酒，也是很重要的酿造香槟的品种。

拥有梦幻般神奇魅力的黑皮诺不知勾走了多少爱酒人的魂魄，使不少人为品其滋味不惜花费昂贵的代价。比如说一瓶不差年份的 La Romanee - Conti 酒到中国差不多要 5 万元，而且限量供应——有钱还不见得买得到。最具代表性的产地有法国勃艮第，新西兰，美国加州、俄勒冈州，澳洲及智利也有不错的产品。

（6）希拉（Syrah）。特性：烟熏、黑莓、黑胡椒、薄荷、干枣味道、覆盆子、皮革、辛烈香。

原产于法国罗纳河谷，主要集中在北部，单宁丰厚，有明显的黑胡椒、黑莓香气。希拉葡萄酒通常会是深红色，其最具代表性的地区是法国罗纳河谷，在较清凉的气候，无论是法国罗纳河谷北部或澳洲的维省及部分的西澳地区所出产的希拉都具有薄荷及香料味，但在较暖的气候环境所出产的希拉葡萄就富有红莓以及黑莓的味道，而经过陈酿的希拉葡萄酒更有巧克力、烟熏及野味的味道。最著名的希拉葡萄产自法国罗纳河谷北部，澳洲的希拉也很好，除法国及澳洲是希拉葡萄品种生长得最好的两个国家外，美国加州、智利都有出产希拉葡萄酒，但味道始终是前两国出产的较突出。

2. 白葡萄品种

（1）莎当妮（Chardonnay）。特性：西柚、菠萝、牛油、果仁味道、黄油、苹果、梨子、香草。

最昂贵的干白葡萄酒就来自莎当妮葡萄，它在法国勃艮第区最为著名，酒质也是最好的。它富有西柚、菠萝、苹果的味道，经橡木桶蕴藏的莎当妮，更有幽香的香草牛油及干果仁味道，顶级的莎当妮葡萄酒更有甘香的榛实（Hazelnut）味道，余韵悠长持久，产自法国、意大利、西班牙、澳洲、智利、美国加州的莎当妮葡萄都有极出色的表现。

（2）灰皮诺（Pinot Gris）。特性：香料、烟薰味道。

原产自法国阿尔萨斯产区，除原产地外，也种植于意大利北部（称为 Pinot Grigio）和德国（称为 Rulander）。其葡萄颜色常呈粉红或淡红，所产葡萄酒酒精含量较高，所含萃取物质相当高，酒体中性，温和，酸度不高，富有烟薰及香料味道，其味道多样，干口、半干口以及带甜的都有，此外，匈牙利、加拿大、美国俄勒冈州、新西兰等，都有种植灰皮诺葡萄。

（3）白苏维翁（Sauvignon Blanc）。特性：热情果、青草、烟薰、柠檬、西柚味道、醋栗。

原产自法国波尔多地区，适合温和的气候，土质以石灰土为最佳，常被称为 Fume Blanc。主要用来制造适合年轻人饮用的干白酒，或混合塞蜜蓉以制造贵腐白酒。

法国中部卢瓦尔区出产的白苏维翁，富有热情果及很明显的烟薰青草及香草味，在波尔多的白苏维翁有柠檬、西柚以及菠萝的味道。近年来，新西兰的白苏维翁也冒出头来，果香像香水似的，十分芬芳，因此一瓶法国的白苏维翁与一瓶新西兰的白苏维翁相比，很容易从嗅觉中知道哪一款是法国白苏维翁，哪一款不是，这些香气十足的新西兰葡萄酒一般的消费者都会较为喜欢，而真正的饮家则喜欢味道较传统的法国白苏维翁。美国加州的白苏维翁称为“Fume Blanc”而很少用“Sauvignon Blanc”这个名字。

（4）赛蜜蓉（Semillon）。特性：青柠、蜜糖、橙皮果酱、苹果味道。

原产自法国波尔多区，但以智利种植面积最广，法国居次，主要种植于波尔多区。虽非流行品种，但在世界各地都有生产。适合温和型气候，产量大，所产葡萄粒小，糖分高，容易氧化。

赛蜜蓉是法国波尔多苏岱区的主要白葡萄品种，以生产贵腐白酒著名，是用来酿造甜白葡萄酒的主要材料，赛蜜蓉通常会与白苏维翁一起调配，它有很丰富的蜜糖、橙皮果酱以及甜苹果的味道。在澳洲猎人山谷种植的赛蜜蓉更有青草似的特性，它是用来酿造上佳甜白葡萄酒的原材料之一。因赛蜜蓉的酸性较低一般都会与酸性较高的葡萄品种调配，如白苏维翁或莎当妮等。

（5）雷司令（Riesling）。特性：蜂蜜、苹果、青柠、蜜桃味道、橘子、烤面包。

雷司令原产德国，是德国古老的著名的白葡萄品种。是 Rhine 河和 Mosel 河主要栽培品种。德国是雷司令最大的生产国，有世界顶尖雷司令的著名产区。最精华的雷司令葡萄园在德国。

在法国瓦尔萨斯出产的雷司令为干口，没有原产地德国出产的雷司令多样化，由干口以及用来酿造冰酒类型的都有，主要取决于葡萄的成熟程度。它有蜂蜜、苹果、青柠及蜜桃味道，果味芳香，是女士们较喜爱的葡萄品种之一。在澳洲、新西兰出产的雷司令都有很好的表现，但价格不便宜。

雷司令酒的最大的特点是自然醇美，清新亮丽。清新的果香、苹果、青柠檬、柠檬、西柚、柑橘、梨子、杏子等以及各种花香，新鲜活跃的酸度，使这种白葡萄酒非常受欢迎。干雷司令适合每个季节单饮，或者和各种菜肴搭配都相宜，甜雷司令搭配鹅肝或是各种较为清爽的甜点都是非常不错的选择。

（6）琼瑶浆（Traminer）。琼瑶浆又名特拉密。原产中欧（德国南部、奥地利及意大利北部），欧亚种。

琼瑶浆的葡萄皮为粉红色，带有独特的荔枝香味。用琼瑶浆制的酒，酒精度很高，色泽金黄，香气甜美浓烈，有芒果、荔枝、玫瑰、肉桂、橙皮甚至麝香的气味。琼瑶浆的酒体结构丰厚，口感圆润。它的色泽同样也很有个性，比传统的白葡萄酒要深一些。这些酒口感厚实，非常强劲。利用这种葡萄生产的贵腐酒，香气非常丰富，夹杂蜂蜜、杏干和玫瑰花瓣酱的味道。阿尔萨斯是生产 Gewurztraminer 酒最好的地区，在德国（Moselle）和奥地利也不错。

（六）葡萄酒贮藏注意事项

（1）温度。理论最佳温度 13℃ 左右，7℃ ~ 18℃ 都可以，最重要的是要保持温度恒定。

（2）避光。因为紫外线会使酒早熟，加速酒的氧化过程，不利于久存。

（3）防震。震动会让葡萄酒加快成熟，让酒变得粗糙，所以应该放到远离震动的地方，而且不要经常搬动。

（4）斜放或水平放置。保持软木塞湿润，防止空气进入，使葡萄酒氧化。

（5）湿度控制。一般认为在60% ~70%是比较合适的，湿度太低，软木塞会变得干燥，影响密封效果，让更多的空气与酒接触，加速酒的氧化，导致酒变质。即使酒没有变质，干燥的软木塞在开瓶的时候很容易断裂甚至碎掉，那时就免不了有很多木屑掉到酒里，虽无大碍，不过也影响雅兴。如果湿度过高，软木塞容易发霉，滋生细菌。

（6）贮藏地点建议：床底下、车库、衣橱、地窖等，有条件的发烧友可选择专业的恒温恒湿酒柜。

（7）葡萄酒打开后如何保存：开过的酒应该将软木塞塞回，把酒瓶放进冰箱，直立摆放。市场上有出售空气抽出器或氮气瓶，可以延长饮用期限3 ~5天，甚至1个星期，不过最好尽快喝完。

二、啤酒

啤酒是人类最古老的酒精饮料，是可可和茶之后世界上消耗量排名第三的饮料，是当今世界谷物酿造酒中最具典型的代表酒。考古发现世界上最早酿制啤酒的有苏美尔人、古埃及人、古希腊人、古罗马人等，最早酿制历史在5000年以上。伦敦大英博物馆内的“蓝色纪念碑”是公元前3000年幼发拉底人留下的有关啤酒的最早的文字记录。另有研究证明，中国也是世界上最早酿造啤酒的国家，不过当时不叫啤酒，而叫“醴”。古代的啤酒生产为家庭作坊式，原料、香料也不统一。直至公元8世纪，德国人才将使用大麦和酒花的酿造方法确定了下来。由于加热方法的改进和蒸汽机的出现，以及后来对杀菌方法和啤酒酵母的研究，使啤酒生产逐渐走向科学，并得以工业化大生产。

啤酒是以大麦芽、酒花、水为主要原料，经酵母发酵作用酿制而成的饱含二氧化碳的低酒精度酒，被称为“液体面包”，是一种低浓度酒精饮料。啤酒乙醇含量最少，故喝啤酒不但不易醉人伤身、少量饮用反而对身体健康有益处。现在国际上的啤酒大部分均添加辅助原料。有的国家规定辅助原料的用量总计不超过麦芽用量的50%。在德国，除出口啤酒外，德国国内销售啤酒一概不使用辅助原料。

（一）啤酒的成分及益处

1. 啤酒的主要成分

（1）大麦。大麦是酿造啤酒的主要原料，但是首先必须将其制成麦芽，方能用于酿酒。大麦在人工控制和外界条件下发芽和干燥的过程，即称为麦芽制造。

大麦作为酿造啤酒的主要原料，一方面是取其所含的淀粉成分，另一方面是取大麦出芽后的淀粉酶作为糖化剂。不同品种的大麦在化学组成（如淀粉、蛋白质等）、浸出率和酶活性上有差别，选择适宜的大麦品种是酿造优质啤酒的基本条件。麦芽通常被认为是“啤酒的灵魂”，它确定了啤酒的颜色和气味。

适于啤酒酿造用的大麦为二棱或六棱大麦。二棱大麦的浸出率高，溶解度较好，六棱大麦的农业单产较高，活力强，但浸出率较低，麦芽溶解度不太稳定。啤酒用大麦的品质要求为：壳皮成分少，淀粉含量高，蛋白质含量适中（9% ~12%），淡黄色，有光泽，水分含量低于13%，发芽率在95%以上。

（2）酿造用水。啤酒含有90%左右的水，因此水的质量是决定啤酒特性的最重要的因素。啤酒酿造用水要求水质洁净、硬度低，通常，软水适于酿造淡色啤酒，碳酸盐含量高的硬水适于酿制浓色啤酒。

（3）酒花，又称啤酒花。使啤酒具有独特的苦味和香气并有防腐和澄清麦芽汁的能力。酒花始用于德国，学名为蛇麻，为大麻科葎草属多年生蔓性草本植物，中国人工栽培酒花的历史已有半个世纪，始于东北，在新疆、甘肃、内蒙古、黑龙江、辽宁等地都建立了较大的酒花原料基地。成熟的新鲜酒花经干燥压榨，以整酒花使用，或粉碎压制颗粒后密封包装，也可制成酒花浸膏，在低温仓库中保存，其有效成分为酒花树脂和酒花油。酒花的作用包括赋予啤酒特殊的香气和愉快的苦味；增加啤酒泡沫的持久性，提高酒的稳定性；抑制杂菌的生长繁殖等。

（4）酵母。酵母是用以进行啤酒发酵的微生物。啤酒酵母又分上面发酵酵母和下面发酵酵母。啤酒工厂为了确保酵母的纯度，进行以单细胞培养法为基础的纯粹培养。为了避免野生酵母和细菌的污染，必须严格要求啤酒工厂的清洗灭菌工作。

（5）玉米。玉米淀粉的性质与大麦淀粉大致相同。但玉米胚芽含油质较多，影响啤酒的泡持性和风味。除去胚芽，就能除去大部分的玉米油。脱胚玉米的脂肪含量不应超过1%。以玉米为辅助原料酿造的啤酒，口味醇厚。玉米为国际上用量最多的辅助原料。

（6）糖类。大都在产糖地区应用，一般使用量为原料的10%～20%，添加的种类主要有蔗糖、葡萄糖、转化糖、糖浆等。

（7）小麦。德国的白啤酒以小麦芽为主原料，比利时的兰比克啤酒是用大麦芽配以小麦为辅料酿造的具有地方特色的上面发酵啤酒。小麦品种有硬质小麦和软质小麦，啤酒工业宜采用软质小麦。

（8）大米。淀粉含量高，浸出率也高，含油质较少。但大米淀粉的糊化温度比玉米高。以大米为辅助原料酿造的啤酒色泽浅，口味清爽。大米是中国用量最多的辅助原料。

2. 喝啤酒的益处与注意事项

（1）喝啤酒的益处。啤酒是以麦芽、大米、酒花、啤酒酵母和酿造水为原料，它的主要特点是酒精含量低，含有较为丰富的糖类、维生素、氨基酸、钾、钙、镁等营养成分，适量饮用，对身体健康有一定好处。

啤酒具有较高的水含量，可以解渴；同时，啤酒中的有机酸具有提神的作用。一方面可减少过度兴奋和紧张情绪，并能促进肌肉松弛。另一方面，能刺激神经，促进消化；除此之外，啤酒中低含量的钠、酒精、核酸能增加大脑血液的供给，扩张冠状动脉，并通过提供的血液对肾脏的刺激而加快人体的代谢活动。而且，啤酒还有“防病”功能，据美国加州医疗中心的试验表明：适度饮啤酒可比禁酒和嗜酒减少患心脏病、溃疡病的概率，而且可防止得高血压和其他疾病。

（2）喝啤酒的注意事项。啤酒的酒精含量虽然不高，一旦过量，酒精绝对量增加，就会加重肝脏的负担并直接损害肝脏组织，增加肾脏的负担，心肌功能也会减弱。长此以往可致心力衰竭、心律失常等。研究证实，过量饮用啤酒，不但起不到预防高血压和心脏病的作用，相反还促进了动脉血管硬化、心脏病和脂肪肝等病的发生、发展。大量饮用啤酒，使胃黏膜受损，造成胃炎和消化性溃疡，出现上腹不适、食欲不振、腹胀、嗳气和反酸等症状。许多人夏天喜欢喝冰镇啤酒，导致胃肠道温度下降，毛细血管收缩，使消化功能下降。由于啤酒营养丰富、产热量大，所含营养成分大部分能被人体吸收，长期大量饮用会造成体内脂肪堆积，致使大腹便便，形成“啤酒肚”。病人常伴有血脂、血压升高。

以下几类不宜饮啤酒的人群：消化道疾病患者，比如患有胃炎、胃溃疡、结肠炎的病人；肝脏病患者，有急慢性肝病的人，其肝脏功能不健全，就不能及时发挥其解毒等功能，容易发生酒精中毒，而且酒精会直接损伤肝细胞；心脑血管疾病患者和孕妇也不宜喝啤酒。此外，婴幼儿、老年人、体弱者和一些虚寒病人也不宜饮用啤酒。

（二）啤酒的特点和分类

1. 啤酒的特点

啤酒是一种国际性的低酒精度的饮料。多数啤酒原麦汁浓度在12%左右，其酒精含量约3.5%；少数低浓度啤酒酒精含量为2.0%，无醇啤酒仅0.7%。因此很适宜多数人饮用，适量喝啤酒对人体有一定的益处。啤酒具有泡沫丰富，色、香、味俱全的特点。啤酒有洁白细腻的泡沫，挂杯持久不易消失；其碳酸气体口感爽洌、杀口；啤酒花给啤酒带来独特的香味和爽口的苦味，与菜肴佐饮，相得益彰。

啤酒含有丰富的营养成分，有“液体面包”的美称。根据科学分析，啤酒含有17种氨基酸，其中8种是人体所必需的；啤酒热量高，一升啤酒可以产生760大卡热量，相当于成年人一天活动所需热量的1/3；啤酒含有多种维生素，这些维生素容易被人体所吸收。啤酒能量高，酒精度低，长期大量饮用会引起“啤酒病”，导致能量过剩，体内脂肪堆积，可造成肥胖症、高血压、动脉硬化；酒精度虽低，但容易被人体吸收，大量饮用必然严重损害身体健康。

2. 啤酒的分类

外国生产啤酒历史悠久，技术先进，尤其是欧洲主要啤酒生产国累积了丰富的生产技术和经验。由于所采用原料和酿造工艺差别，形成许多不同类型不同风格的酒品。

（1）根据啤酒色泽划分。由于啤酒颜色从0～40，色谱为连续图谱，所以严格地讲，无法按照啤酒的颜色来分类。市面上有以下几种通俗分类法：

1）淡色啤酒：色度为5～14EBC单位的啤酒，是各类啤酒中产量最多的一种，按色泽的深浅，可分为淡黄色啤酒、金黄色啤酒、棕黄色啤酒。淡黄色啤酒大多采用色泽极浅、溶解度不高的麦芽为原料，糖化周期短，因此啤酒色泽浅，其口味多属淡爽型，酒花香味浓郁。金黄色啤酒所采用的麦芽，溶解度较淡黄色啤酒略高，因此色泽呈金黄色，其产品商标上通常标注Gold一词，以便消费者辨认，口味醇和，酒花香味突出。棕黄色啤酒采用溶解度高的麦芽，烘烤麦芽温度较高，因此麦芽色泽深，酒液黄中带棕色，实际上已接近浓色啤酒。其口味较粗重、浓稠。

2）浓色啤酒：色度为15～40EBC单位的啤酒，浓色啤酒呈现红棕色和红褐色，酒体通透度较低，产量较淡色啤酒少。根据色泽的深浅可分为棕色、红棕色和红褐色三种。浓色啤酒口味较醇厚，苦味较轻，麦芽香味突出。

3）黑色啤酒：色度大于40EBC单位的啤酒，色泽呈深棕色或黑褐色，酒体透明度很低或不透明。一般原麦汁浓度高，酒精含量5.5%左右，口味醇厚，泡沫多而细腻，根据产品类型而有轻重之别。此类啤酒产量较少。

（2）根据啤酒杀菌处理情况划分。

1）纯生啤酒。采用特殊的酿造工艺，严格控制微生物指标，使用包括0.45微米微孔的三级过滤，不进行热杀菌，让啤酒保持较高的生物、非生物、风味稳定性。这种啤酒非常新鲜、可口，保质期达半年以上。

2）鲜啤酒。凡酒液不经过巴氏灭菌法处理的称为鲜啤酒。因啤酒中保存了一部分营养丰富的酵母菌，所以口味鲜美。但稳定性差，不能长时间存放，常温下保鲜期 1 天左右，低温保存 3 天左右。

鲜啤酒具有爽口味美的特点。外国采用“瞬时杀菌”方法或“无菌膜过滤”工艺，而不用巴氏灭菌法，使啤酒不易变质，且较好地保留了鲜啤酒的优点。由于这种啤酒多数以广口瓶为计量单位进行零售，故以其英文发音 jar 称为扎啤。

3）熟啤酒。把鲜啤酒经过巴氏灭菌法处理即为熟啤酒或叫杀菌啤酒，经过杀菌处理后的啤酒，稳定性好，保质期可长达 90 天以上，便于运输。但口感不如新鲜啤酒，超过保质期后，酒体会成熟氧化，产生异味、沉淀、变质的现象。熟啤酒均以瓶装或罐装形式出售。

（3）按工艺分类。

1）浑浊啤酒。在成品中含有一定量的酵母菌或显示特殊风味的胶体物质，浊度≥2. 0EBC 的啤酒，除特征性外，其他要求应符合相应类型啤酒的规定。

2）干啤酒。该啤酒的发酵度高，残糖低，二氧化碳含量高。故具有口味干爽、杀口力强的特点。由于糖的含量低，属于低热量啤酒。

3）全麦芽啤酒。酿造中遵循德国的纯粹法，原料全部采用麦芽，不添加任何辅料，生产出的啤酒成本较高，但麦芽香味突出。

4）头道麦汁啤酒。即利用过滤所得的麦汁直接进行发酵，而不掺入冲洗残糖的二道麦汁，具有口味醇爽、后味干净的特点。

5）黑啤酒。麦芽原料中加入部分焦香麦芽酿制成的啤酒。具有色泽深、苦味重、泡沫好、酒精含量高的特点，并具有焦糖香味。

6）低（无）醇啤酒。基于消费者对健康的追求，为减少酒精的摄入量所推出的新品种。其生产方法与普通啤酒的生产方法一样，但最后经过脱醇方法，将酒精分离，无醇啤酒的酒精含量少于 0. 5%。

7）冰啤酒。将啤酒冷却至冰点，使啤酒出现微小冰晶，然后经过过滤，将大冰晶过滤掉。解决了啤酒冷浑浊和氧化浑浊问题。冰啤色泽特别清亮，酒精含量较一般啤酒高，口味柔和、醇厚、爽口，尤其适合年轻人饮用。

8）果味啤酒。发酵中加入果汁提取物，酒精度低。本品即有啤酒特有的清爽口感，又有水果的香甜味道，适于妇女、老年人饮用。

9）小麦啤酒。以小麦芽为主要生产原料的啤酒，生产工艺要求较高，酒液清亮透明，酒的储藏期较短。此种酒的特点为色泽较浅，口感淡爽，苦味轻。

（三）啤酒的主要产区

在近 20 年时间里，世界啤酒人均消费量几乎没有变化：目前，人均消费量接近 22. 5 升，但消费趋势是一直上升的。目前世界啤酒产量年增长 250 万吨左右。在生活水平较高的西方国家，啤酒市场出现了持续的停滞，而在东方却出现增长趋势。但目前欧洲依然是世界最大的啤酒市场。

1. 欧洲

欧洲的啤酒以比利时为代表，种类多种多样，且富有特色，在德国、捷克、比利时等欧洲中部地区，啤酒生产尤其繁荣，荷兰是欧洲最大啤酒出口国，官方统计数字为 122 万

吨以上。西欧同美国一样，啤酒消费量是较高的，但也有所下降；而东欧的啤酒业在不断地创造新纪录，如波兰的啤酒市场在不断增长。

比利时啤酒个性派占主流。以口味和原料独特闻名的是比利时“Chapeau Banana”，该啤酒恰如其名，在标签上明确标明含有香蕉；以巧克力为原料的“FlorisCHOCOLAT”以及加入樱桃果汁的“LINDEMAN-SKriek”等啤酒。在个性派众多的比利时啤酒中，有些商品从设计和概念上就透露出“时尚”感觉。在标签上描绘有红色恶魔的“Satan Red”就是其中的代表，这是名叫恶魔的新奇商品，而随后笔者还发现了称为“Lucifer”（恶魔）的品牌。

德国啤酒制造受法律严格限制。德国在法律中规定，在德国国内制造和消费的啤酒的原料，原则上只允许使用水、麦芽、啤酒花以及酵母，因此加入果汁的商品不被视为啤酒。当然，德国啤酒并不千篇一律，麦芽和啤酒花分很多种类，再采用不同制法和酵母，就使得口味大不相同。“Krombacher Pils”的苦涩感比较适度，接近日本的100%麦芽啤酒，“Schofferhofer Hefeweizen”并非大麦啤酒，而是利用小麦制造的啤酒，香气浓烈。

2. 非洲

在大多数非洲国家，都有自己制作的啤酒，特别是商业化生产的拉格啤酒，当然当地的土著部落中也会酿造多种啤酒。在非洲，啤酒的供应场所有街边的低档酒馆，也有城市中高档的酒吧。南非是非洲啤酒消费量最大的国家，年人均啤酒消费量是59.2升。

土著啤酒是一个非常规的啤酒类型，因为传统的啤酒酿造在非洲农村地区也是十分常见的，这些啤酒的品种和类型取决于当地的风俗和资源，蜂蜜啤酒和姜啤酒是比较常见的两种。另外在南非和博茨瓦纳，高粱麦芽是酿造啤酒的一个重要成分，而其他地方则不使用高粱作为原料（通常使用玉米），使用高粱麦芽的啤酒通常被称为不透明的啤酒。土著啤酒在包装上也有自己的特点，一个典型的替代玻璃瓶啤酒的做法是用利乐包的纸盒灌装啤酒，其中包括United National Breweries生产的Johannesburg啤酒。

世界第四大啤酒酿造公司SAB和纳米比亚啤酒公司占据着非洲的啤酒市场。在非洲南部国家中的关税联合会中SAB占有95%的市场份额。

3. 北美和南美洲

美洲饮料市场是个不断扩大的市场。美国拥有世界上最大的啤酒酿造商百威啤酒公司，其年生产能力为1150万吨。在南美洲和中美洲，啤酒产量达到2150万吨左右。智利被看作是最有销路的国际市场之一。南美啤酒业还有良好的发展空间。

巴哈马啤酒的整体销量至今仍然以南美市场为主，它打出的宣传广告也是围绕巴西文化而展开的。在2012年2月里约热内卢的狂欢节上，巴哈马啤酒创造了一个新的名词“sapucar”，该词来源于这场狂欢节的开幕地点“Sapucai”，原为葡萄牙语，意思是“跳桑巴舞”。巴西安贝夫啤酒（AmBev）是南美洲最大的啤酒集团，也是世界十大啤酒厂商之一，年产量约55亿升。安贝夫集团于1999年由两家国内领先的公司博浪与南极洲合并而成。秘鲁 Cusquena 啤酒是秘鲁最主要的出口啤酒。这种啤酒的主要出口市场分布于智利、玻利维亚、美国、哥伦比亚、日本以及意大利等，也是秘鲁百姓喜爱的一款啤酒。墨西哥科罗娜 CORONA 啤酒是墨西哥摩洛哥啤酒公司的拳头产品，因其独特的透明瓶包装以及饮用时添加白柠檬片的特别风味，在美国一度深受时尚青年的青睐。墨西哥摩洛哥啤酒公司目前有10种产品，科罗娜是主力产品，是世界第五大品牌，美国进口啤酒的第一名，在我国没有直接的生产，可是在酒吧等娱乐场所却是一款不可缺少的时尚品牌。美国蓝带啤酒创始于1844年，已有150余年的历史，曾多次获世界性博览会金牌奖。

4. 亚洲地区

作为最重要的啤酒市场，中国已取代了德国在世界排名第二的位置。亚洲第二大啤酒市场是日本，日本啤酒销售量相对稳定，大约有720万吨左右。中国的青岛、雪花、燕京以及哈尔滨啤酒等，在国内外均有很大的知名度；日本的朝日啤酒和麒麟啤酒，在世界上颇受欢迎，而新加坡的虎牌啤酒也是在全世界驰名。

（四）世界驰名的啤酒品牌

1. 百威（Budweiser）

百威（Budweiser）是世界知名的啤酒品牌，1876年诞生于美国，创始人是 Adolphus Busch，公司总部设在美国密苏里州圣路易斯市。发展历程中，百威啤酒一直以其醇正的口感、过硬的质量赢得了全世界消费者的青睐，成为世界最畅销、销量最多的啤酒，长久以来被誉为是“啤酒之王”。百威啤酒于1995年正式进入中国市场，以其卓越的品质在超高端啤酒市场占据了绝对的主导地位。

百威啤酒一直奉行“环境、健康与安全”的核心理念（即 EHS 理念）和始终如一的品质理念。以其独特的口感，稳定的品质，再加上百威品牌130多年的悠久历史，构筑了百威的王者形象。

定位：高端啤酒，世界最畅销、销量最多的啤酒，啤酒之王。

口味：百威啤酒引以自豪的是只采用质量最佳的纯天然材料，包括美国进口的上等啤酒花、新鲜大米、天然大麦麦芽以及优质深井活水，在发酵过程中，又使用数百年传统的山毛榉木发酵工艺，确保百威啤酒拥有始终如一的清澈、清醇、清爽的口感。

包装：百威从来没有推出过纪念产品，基本上只有两种产品，普通版和冰啤（Bud iced），走的是大众路线。

营销：以25~35岁的男性为主要目标。以“我们爱第一，百威是全世界最大、最有名的美国啤酒”为口号；以美国风格的气势磅礴的视觉冲击为创意策略：将百威啤酒融于美洲或美国的气氛中，如辽阔的大地、汹涌的海洋或宽广的荒漠；以电视、酒吧等方式进行信息轰炸。

种类：始终如一的卓越品质是百威啤酒的标志，无论在世界任何地方酿制的百威啤酒

都能保证同样清澈、清醇、清爽的绝佳口感，上佳的口感加上特有的菱形包装，使百威啤酒成为了广大啤酒爱好者的首选。百威纯生，只选用天然新鲜原料，特别采用上等啤酒花，更以独特的“冰点锁鲜”酿造工艺，锁住每一滴的新鲜精华，酿就每一口的爽滑口感。百威冰啤与普通啤酒相比，有更加独特的香气和口感，在继承百威啤酒清澈、清醇、清爽口味的基础上，特别采用不同的麦芽与大米比例，并通过特殊的百威冰酿工艺，经过冰晶化处理后得到更加醇厚、爽口、圆润的口味。

2. 喜力（Heineken）

喜力是一家荷兰酿酒公司，1864 年杰拉德·阿德里安·海尼根（Gerard Adriaan Heineken）于阿姆斯特丹创立，目前喜力啤酒公司已成为了欧洲最大的啤酒生产商，经营 130 多个啤酒厂，产品销售到 80 多个国家，共酿制超过 170 种顶级、地区性及特制啤酒，凭借着出色的品牌战略和过硬的品质保证，成为全球顶级的啤酒品牌。

喜力啤酒以严格的、高品质的标准，酿造每一瓶啤酒，其优良品质一直得到业内和广大消费者的认可。喜力宣称，自从将近 150 年前生产出第一桶啤酒，其原始配方从未改变。

定位：高端啤酒，最年轻化、最有个性的啤酒。荷兰啤酒，口味较苦，强调孤身奋斗，是孤身奋斗人士的首选。

口味：喜力啤酒主要以蛇麻子为原料酿制而成，用了不同的麦芽和酿造工艺，所以酿造出来的口味和其他的欧洲大部分啤酒是不同的，口感平顺甘醇，不含苦涩刺激味道。

包装：喜力不仅有普通版，还在重大事件中推出香槟瓶塞纪念版本；喜力啤酒的全新包装，不仅使其增添了一份年轻活力，同时又带点酷的性格，走的是年轻路线。

营销：以活力青年为主要目标；以“不仅是一杯冰凉的啤酒”为口号；以艺术般的外观、清新的视觉美感，狂放不羁的性格作为创意策略感染消费者，喜力的啤酒瓶形状独特，质感均匀，晶莹剔透，观感远较目前大部分啤酒瓶好；以大型赛事、音乐节等吸引青年人的活动为主要宣传点，对电视等传统媒体重视较少。

3. 贝克（BECK’S）

贝克啤酒，口味实在，是成功人士的首选。拥有四百年历史的贝克啤酒是德国啤酒的代表，也是全世界最受欢迎的德国啤酒。贝克啤酒风行全球 140 多个国家，尤其是在美国（每年大约 1 亿升）、英国、意大利，高居德国啤酒出口量第一位，年出口占德国啤酒出口总量的 35% 以上。公司不断地在全球各地的报纸、杂志、新闻媒介上宣传 BECK’S 和其特有的钥匙图形，使 BECK’S 商标和钥匙图形在世界各地都能见到。贝克也在英国、新加坡、德国、日本、美国等许多国家和我国香港地区注册了 BECK’S 商标。通过长期的广泛的宣传和注册，BECK’S 商标已成为世界驰名商标。

贝克啤酒产品包括 BECK'S LAGER、LIGHT、DARK LAGER、OKTOBERFEST 与无酒精啤酒等，LAGER 体现了传统的德国口味，酒质饱满丰富。LIGHT 爽口宜人，曾于 1999 年、2000 年、2001 年连续三年在美国品鉴会上获得金牌。DARK LAGER 是全球黑啤的代言者，是经过特殊的烘烤过程，再经糖化水解后所酿成的贝克啤酒，口味醇美、营养丰富，低刺激性的温和酒质，是有健康概念的高品质啤酒。

从 18 世纪开始，贝克就由不来梅向北海和波罗的海沿岸各城市出口啤酒。直到现在该公司还始终继承这一传统。1992 年贝克与中国福建莆田金钥匙啤酒厂进行许可证生产合作，一度成为在中国名气最大的外国啤酒之一。后来由于特殊的原因贝克终止了许可证合作合同。1999 年 4 月与澳大利亚狮王集团在苏州独资的一家啤酒公司签订许可证协议，将在中国生产和销售贝克牌啤酒的权利转让给了狮王集团。

4. 嘉士伯（Carlsberg）

嘉士伯啤酒由丹麦啤酒巨人 CARLSBERG 公司出品。CARLSBERG 公司是仅次于荷兰喜力啤酒公司的国际性啤酒生产商，1847 年创立，至今已有 160 多年的历史，在 40 多个国家都有生产基地，远销世界 140 多个国家和地区，产品风行全球。嘉士伯采用木桶制作啤酒。1876 年成立了著名的“嘉士伯”实验室，1969 年合并成立丹麦联合啤酒公司。从此嘉士伯啤酒成为啤酒行业的一匹黑马，由嘉士伯实验室汉逊博士培养的汉逊酵母至今仍被各国啤酒业界应用，嘉士伯啤酒工艺一直是啤酒业的典范之一，重视原材料的选择和严格的加工工艺保证其质量一流。自 1904 年开始，嘉士伯啤酒被丹麦皇室许可作为指定的供应酒，其商标亦多了一个皇冠标志。

嘉士伯啤酒的口感属于典型的欧洲式 LARGER 啤酒，酒质澄清甘醇。嘉士伯十分重视产品的质量，打出的口号即广告词——“嘉士伯——可能是世界上最好的啤酒”（Probably the best Beer in the World）”，相当地深入人心。它通过各种人文与运动活动，包括对音乐、球赛等活动的赞助，树立起良好的品牌形象。

嘉士伯啤酒是较早进入中国市场的外资啤酒品牌之一。其旗下的丹酿公司曾利用其先进的技术，帮助中国改建了 40 多家啤酒厂，它在中国拥有一个有 10 多年历史的销售网。1995 年嘉士伯在上海松江投资 5000 万美元兴建了第二家合资啤酒厂，联合香港太古集团使外方所占股份达到 95%。2003 年后的嘉士伯主要专注于我国的西部地区，先后收购原 KK 集团昆明华狮啤酒、云南大理啤酒、拉萨啤酒、新疆乌苏啤酒及兰州黄河啤酒。2005 年 12 月，嘉士伯又与宁夏农垦企业集团签订总投资 2 亿元、年产 20 万吨啤酒的生产合作经营项目协议。至此，嘉士伯已基本完成对中国西部市场的控制。参股了 10 多家啤酒公司，产能达到 130 万吨以上。此外，嘉士伯啤酒在广东省以及北京、上海、广州、成都等大城市全资拥有子公司及分公司。

5. 虎牌啤酒（Tiger Beer）

新加坡虎牌啤酒诞生于 1932 年，是亚太酿酒集团的旗舰品牌。已在全球 8 个国家生

产，60 多个国家销售，足迹遍及欧洲、美国、拉丁美洲、澳洲和中东。亚太区作为虎牌啤酒的重要市场将继续显示强大的增长潜能。亚太酿酒集团将在虎牌啤酒已占据的 60 个现有市场的基础上继续扩大这一优质啤酒品牌的海外市场范围，同时，集团也将进一步巩固和加强虎牌啤酒在亚太区，特别是包括新加坡、马来西亚和越南在内的东南亚市场上的领先地位。

虎牌啤酒已在亚洲的 8 个国家酿造，包括新加坡、马来西亚、泰国、越南、缅甸、柬埔寨及中国和蒙古。虎牌啤酒在美洲只在美国、加拿大的一些大城市如纽约、波士顿、洛杉矶的高档酒吧和舞厅售卖。安海斯—布希哈成为虎牌啤酒在美国的进口商后，虎牌啤酒将可通过安海斯—布希哈在美国各地的超过 600 家独立批发商网络，进军美国其他城市，为品牌制造更多商机，进口啤酒占美国啤酒市场的 12.4%，年销售量达 2560 万桶。不但如此，进口啤酒也是美国啤酒市场增幅最快的领域之一，年增长 7.2%，过去 5 年则平均增长 5%。

虎牌啤酒的透明瓶身，通透质感，水晶般光泽，清柔的酒液、泡沫，以其本身的独特口感和出众品质，尽显时尚品位，淡淡麦芽清香，环绕在饮者的口鼻间。

6. 朝日啤酒（Asahi）

朝日啤酒株式会社成立于 1889 年，是日本最著名的啤酒制造厂商之一。1987 年朝日啤酒株式会社推出新品 Asahi 舒波乐生啤，其销售业绩蒸蒸日上，至 1998 年 Asahi 舒波乐单品种销量已经跃居日本第一，世界排名第三，生啤酒销量世界第一。1994 年朝日啤酒株式会社正式进入中国市场，先后出资杭州西湖啤酒朝日（股份）有限公司、福建泉州清源啤酒朝日有限公司、烟台啤酒朝日有限公司、北京啤酒朝日有限公司，从而拉开了日本朝日啤酒株式会社在中国发展的序幕。1999 年，在深圳和青岛啤酒合资建成了中国最先进的啤酒工厂。2000 年 8 月，朝日啤酒（上海）产品服务有限公司在上海成立。

企业宗旨：朝日啤酒株式会社秉承一贯的对啤酒质量精益求精的宗旨，每一粒麦子、每一滴水直至每一颗酒花，必须符合自己的严格标准。酵母是经过精心选出的，运用尖端的技术和设备，工序经过严格把关，使新鲜啤酒的味道完整地保留下来，拥有超爽的口感。朝日将独家研制的 KARAKUCHI 特级酵母搭配不为人知的独特发酵技术，酿造出了不但味道不苦涩反而带点芳香、辛辣口感的啤酒，它银色瓶子也展现了尊贵感。

朝日啤酒种类：朝日生啤酒，酒精含量约 4.5%，“杀口、爽快”和“轻快、易饮”，新开发的“朝日生啤酒啤尔达”（BEER WATER），不拘束以往的常识，建立人与啤酒的新关系，是新概念的啤酒。富士山啤酒，是使用世界最高档次捷克萨兹的强香型啤酒花和欧洲产的特选麦芽，以及富士山麓的天然水和特殊原料制成的啤酒。有效地利用原料的美味和原味，具有豪华的口感特征。Silky，为满足女性顾客的低苦味的需求，而与美国美乐公司共同开发的啤酒。具有丝绸般柔软的口感和润喉感，因低热而受到好评。黑生，为了满足顾客在家庭也可以享受到和一般啤酒不同味道的生黑啤酒而制造的。在它诞生前，黑啤酒只可在一部分餐饮店才可享受到，而“朝日生黑啤酒”诞生之后，则可配合自己的心情和情景自在地享用。舒波乐啤酒，舒波乐啤酒代表日本的啤酒品牌，味道醇正，口感爽快，1987 年作为“超爽”啤酒问世。

7. 麒麟啤酒（Kirin）

麒麟啤酒是麒麟麦酒酿造会社的产品，麒麟麦酒酿造会社是日本三大啤酒公司之一，也是世界前十大啤酒集团。麒麟酒厂于 1907 年建立，但麒麟啤酒却是在 1888 年就开始销售，麒麟系列包括一番榨、Lager、Light 等，该集团强调一番榨只萃取第一道麦汁，单宁酸的含量低，所以口感清爽不苦。Lager 则是该品牌最畅销也是历史最悠久的品项，采用低温发酵，历经较长的陈化时间，口感温顺。麒麟啤酒主要有麒麟一番榨啤酒和麒麟纯真味啤酒两大类。

麒麟一番榨啤酒，秉承日本麒麟公司精湛的“一番榨”酿造工艺，保留着日本啤酒的“原汁原味”，不惜提高成本，只提取第一道麦汁酿造，绝不掺第二道麦汁，由于第一道麦汁中，从麦芽壳渗出的涩味成分较少，所以只提取第一道麦汁酿造的一番榨啤酒没有一般啤酒的涩味，口感更纯更顺，让人喝了还想喝，是真正的高级啤酒。原麦汁浓度：11.8°P，酒精度数≥4.1%，产品容量：640mL（灌装 355mL）。

麒麟纯真味啤酒，只采用第一道麦芽汁酿造，不惜高出普通啤酒的成本，为懂得享受啤酒所带来的生活乐趣的消费者提供第一道纯真好滋味，为确保使啤酒的真味得以原原本本地呈现给高品位啤酒爱好者，麒麟纯真味啤酒使用无菌化且不经过高温处理的纯生工艺，并且秉承麒麟公司过百年的啤酒酿造经验，凭着卓越的酿造技术务求让懂得享受啤酒的人喝到纯真滋味的啤酒。原麦汁浓度：10°P，酒精度数≥3.3%，产品容量：600mL（灌装 330mL）。

8. 青岛啤酒

青岛啤酒产自青岛啤酒股份有限公司，公司的前身是国营青岛啤酒厂，1903 年由英、德两国商人合资开办，是最早的啤酒生产企业之一。青岛啤酒远销美国、日本、德国、法国、英国、意大利、加拿大、巴西、墨西哥等世界 70 多个国家和地区。全球啤酒行业权威报告 Barth Report 依据产量排名，青岛啤酒为世界第六大啤酒厂商。

口味特点：酒液清澈透明、呈淡黄色，泡沫清白、细腻，风味纯净协调，入口爽净，具有淡淡的酒花和麦芽香气。

原料选用：麦芽，采用进口优质大麦，经青岛啤酒独特的制麦工艺精心制备而成；大米，以国内领先的大米新鲜控制技术保证大米的优质新鲜，并采用适宜的代码配比；酒花，采用优质新鲜的青岛大花和定制的优良香花；水，酿造用水；酵母，采用青岛啤酒独特的啤酒酵母。原麦汁浓度为 12°P，酒精含量 3.52% ~4.8% 。

酿造工艺：采用现代一罐法酿造工艺和独到的低温长时间后熟技术，历经 30 多天精心酿制而成，同时通过国内领先的啤酒保鲜技术，保证啤酒口味的新鲜。采用优质麦芽、大米、酒花和水，经过糖化、过滤、冷却、发酵、包装等工序精制而成。它成功的原因在于独特的酿造工艺和严格的工艺管理，在继承传统酿造工艺的基础上，通过不断的技术改进，青岛啤酒的酿制工艺已日臻完善，而独特的后熟工艺和优良的酵母菌种更使其锦上添花，保证了产品质量的优异和稳定。公司制定了严格的高于国家标准的内部质量控制标准，从原料进厂到半成品加工直至成品出厂，须经过系统、严格的质量检测。1995 年公司已通过了由挪威船级社组织评审的 ISO 9002 国际标准认证，标志着青岛啤酒的质量管理水平进一步提高并已与国际接轨。

三、黄酒

黄酒是以大米、糯米、黄米、黍米等谷物为主要原料，经蒸煮、摊凉，加入酒曲进行糖化发酵后，压榨出的酒液即为黄酒，一般酒精含量为14% ~20%，属于低度酿造酒。在最新的国家标准中，黄酒的定义是以稻米、黍米、黑米、玉米、小麦等为原料，经过蒸料，拌以麦曲、米曲或酒药，进行糖化和发酵酿制而成的。

黄酒含有丰富的营养，含有21种氨基酸，其中包括有数种未知氨基酸，而人体自身不能合成必须依靠食物摄取8种必需氨基酸黄酒都具备，故被誉为“液体蛋糕”。黄酒是世界谷物发酵酒中最古老最具特色的酒类之一，源于中国，且唯中国有之，与啤酒、葡萄酒并称世界三大古酒。黄酒是我国民族传统的酒类，在国内乃至世界酒业中占据重要的地位。黄酒产地较广，品种很多，经过了历代劳动人民的改进和提高，黄酒逐步形成江南绍兴酒、北方即墨老酒及福建老酒三大种类，其中绍兴黄酒最为典型。

（一）黄酒的成分及益处

1. 黄酒的成分

黄酒是中国特有的原汁酿造酒，多以谷物为原料，蒸熟后加入专门的酒曲和酒药，利用其中的多种霉菌、酵母菌、细菌等微生物的共同作用酿造而成。

黄酒中的主要成分除乙醇和水外，还有麦芽糖、葡萄糖、糊精、甘油、含氮物、醋酸、琥珀酸、无机盐及少量醛、醋与蛋白质分解的氨基酸等。经现代科学检测，黄酒含有20多种氨基酸，其含量为啤酒的11倍，葡萄酒的2倍，且其中有8种是人体所必需又不能自身合成，只能从食品中摄取的。黄酒含热量也较高，每升达4600 ~8400焦耳，比啤酒高2 ~5倍，比葡萄酒高1 ~2倍。此外，它还含有多种维生素、糖类、有机酸及酯类，不但含量高，且易被吸收。营养学家认为，适量常饮黄酒，具有通经脉、增食欲等保健功能。

2. 黄酒的益处

（1）药酒功能。黄酒是医药上很重要的辅料或“药引子”。中药处方中常用黄酒浸泡、烧煮、蒸炙一些中草药或调制药丸及各种药酒，《本草纲目》详载了69种药酒可治疾病，这69种药酒均以黄酒制成。而白酒虽对中药溶解效果较好，但饮用时刺激较大，不善饮酒者易出现腹泻、瘙痒等症状。啤酒则酒精度太低，不利于中药有效成分的溶出。此外，黄酒还是中药膏、丹、丸、散的重要辅助原料。

（2）调味功能。黄酒有去腥、去膻、增香、添味的功能。黄酒酒精含量适中，为15%左右，比白酒少，比啤酒多；含糖分和总酸度比白酒和啤酒高。在烹调时，醇和酸生成酯类，味香浓郁，为菜肴带来芳香；糖分能增加菜肴的鲜味。同时乙醇能去除鱼的腥味、肉的荤味。所以，黄酒是理想的调味品，人们都喜欢用黄酒作佐料，在烹制荤菜，特别是羊肉、鲜鱼时加入少许，不仅可以去腥膻还能增加鲜美的风味。

（3）营养功能。黄酒含有丰富的营养，有“液体蛋糕”之称，其营养价值超过了有“液体面包”之称的啤酒和营养丰富的葡萄酒。绍兴酒含氨基酸16种，是啤酒的11倍，葡萄酒的12倍。热量较高。

易消化吸收。黄酒含有许多易被人体消化的营养物质，如糊精、麦芽糖、葡萄糖、酯类、甘油、高级醇、维生素及有机酸等。这些成分经贮存，最终使黄酒成为营养价值极高

的低酒精度饮品。如绍兴酒在生产过程中几乎保留了发酵所产生的全部有益成分，如糖、糊精、有机酸、氨基酸、酯类和维生素等，浸出物分别为元红酒3.5%，加饭酒5%，善酿酒15%，香雪酒24%，其营养物质不但含量高，而且易被人体消化和吸收。另外，黄酒中锌含量不少，如每100毫升绍兴元红黄酒含锌0.85毫克，所以饮用黄酒有促进食欲的作用。

（4）保健功能。黄酒中已检出的无机盐达18种，包括钙、镁、钾、磷、铁、锌等。黄酒中的维生素B、维生素E的含量也很丰富，主要来自原料和酵母自溶物。黄酒中的蛋白质含量为酒中之最，每升绍兴加饭酒的蛋白质含量达16克，是啤酒的4倍。黄酒中的蛋白质多以肽和氨基酸的形态存在，易被人体吸收。肽具有营养功能、生物学功能和调节功能。绍兴产黄酒中的氨基酸达21种之多，且含8种人体必需氨基酸。每升加饭酒中的必需氨基酸达3400毫克，而啤酒和葡萄酒中的必需氨基酸仅为440毫克或更少。

黄酒含有多酚、类黑精、谷胱甘肽等生理活性成分，具有清除自由基，预防心血管病、抗癌、抗衰老等生理功能。冬天温饮黄酒，可活血祛寒、通经活络，有效抵御寒冷刺激，预防感冒。适量常饮有助于血液循环，促进新陈代谢，并可补血养颜。另外黄酒是B族维生素的良好来源，维生素B1、维生素B2、尼克酸、维生素E都很丰富，长期饮用有利于美容、抗衰老。

黄酒内含多种微量元素，如每100毫升含镁量为20～30毫克，比白葡萄酒高10倍，比红葡萄酒高5倍；绍兴元红黄酒及加饭酒中每100毫升含硒量为1～1.2微克，比白葡萄酒高约20倍，比红葡萄酒高约12倍。在心血管疾病中，这些微量元素均有防止血压升高和血栓形成的作用。因此，适量饮用黄酒，对心脏有保护作用。

黄酒含丰富的功能性低聚糖，如每升绍兴加饭酒中的异麦芽低聚糖、潘糖、异麦芽三糖含量达6克。这些低聚糖是在酿造过程中，物料经微生物酶的作用而产生的。功能性低聚糖进入人体后，几乎不被人体吸收、不产生热量，但可促进肠道内有益微生物双歧杆菌的生长发育，可改善肠道功能、增强免疫力、促进人体健康。

（二）黄酒的分类

1. 按生产方法、生产地区及风味特点划分

（1）江南黄酒。以绍兴酒为代表，主要产于浙江省绍兴地区，为我国传统的名酒。绍兴酒采用糯米或大米为主要原料，以小曲和麦曲为糖化发酵剂。在华东地区，黄酒是很多家庭餐桌上的必备品。由于原料配比、工艺操作、酿酒时间等方面不同，形成不同风格的绍兴酒。主要品种有元红酒、加饭酒、花雕酒、善酿酒。

（2）福建黄酒。以“福建老酒”和“龙岩沉缸酒”为代表，主要产于福州和龙岩两个城市。浙江、台湾等地区亦有生产类似的酒品。福建黄酒以糯米、大米为主要原料，用红曲和白曲为主要糖化发酵剂酿制而成。其酒色泽褐红鲜艳，故称“红曲酒”；酒质醇厚，余味绵长，酒精度15%。

（3）北方黄酒。以山东“即墨老酒”为代表品种。用黍米为原料，以

天然发酵的块状麦曲为糖化发酵剂酿制而成。黍米，又称黏黄米或糯小米，是我国最早栽培的粮食作物之一，它含有较高的淀粉糖和蛋白质。以此为原料所酿制的酒呈深棕色，清亮透明，有突出的焦糜香，饮后回味悠长，酒精度12度。

2. 按原料和酒曲划分

（1）糯米黄酒。糯米黄酒用糯米、粳米为原料，以小曲和麦曲为糖化发酵剂酿制，主要产于江南地区，以绍兴黄酒为代表，在中国黄酒中占有相当大的比例，主要品种有加饭酒、元红酒、花雕酒、善酿酒、香雪酒等。糯米黄酒的特点是无沉淀，无浑浊，酒精度大于16或小于0.45。

（2）黍米黄酒。黍米黄酒以黍米（又称黏黄米）为原料，以米曲或麦曲为糖化剂发酵酿制，主要产于华北和东北地区，以山东黄酒为代表，主要品种有山东即墨黄酒、山东兰陵美酒、山西黄酒、大连黄酒等。

（3）大米清酒。大米清酒是改良的大米黄酒，以粳米为原料，用米曲作糖化剂，酵母作发酵剂酿制而成，其酒色淡黄清亮，具有清酒特有的香味。清酒是日本的特产，中国清酒生产较晚，较著名的有吉林清酒、即墨特级清酒等。

（4）红曲黄酒。红曲黄酒以糯米或大米为原料，以大米和红曲霉制成的红曲为糖化发酵剂酿制，主要产于福建、浙江，主要品种有福建老窖、龙岩沉缸酒等。

3. 按黄酒的含糖量划分

（1）干黄酒。“干”表示酒中的含糖量少，总糖含量低于或等于15.0克/升。属于稀醪发酵，总加水量为原料米的3倍左右。发酵温度控制得较低，开耙搅拌的时间间隔较短。酵母生长较为旺盛，故发酵彻底，残糖很低。在绍兴地区，干黄酒的代表是元红酒。

（2）半干黄酒。“半干”表示酒中的糖分还未全部发酵成酒精，还保留了一些糖分，在生产上，这种酒的加水量较低，相当于在配料时增加了饭量，总糖含量在15.0～40.0克/升，故又称为“加饭酒”。在发酵过程中，要求较高。我国大多数高档黄酒即是此种类型，此种酒酒质厚浓，风味优良，口味醇厚、柔和、鲜爽、无异味，可长久贮藏，是黄酒中的上品。我国大多数出口酒，均属此种类型。

（3）半甜黄酒。这种酒采用的工艺独特，是用成品黄酒代水，加入到发酵醪中，使糖化发酵的开始之际，发酵醪中的酒精浓度就达到较高的水平，在一定程度上抑制了酵母菌的生长速度，由于酵母菌数量较少，对发酵醪中产生的糖分不能转化成酒精，故成品酒中的糖分较高，总糖含量在40.0～100克/升。这种酒，酒香浓郁，酒精度适中，味甘甜醇厚，鲜甜爽口，无异味，是黄酒中的珍品。但这种酒不宜久存，且贮藏时间越长色泽越深。

（4）甜黄酒。这种酒一般是采用淋饭操作法，拌入酒药，搭窝先酿成甜酒酿，当糖化至一定程度时，加入40%～50%浓度的米白酒或糟烧酒，以抑制微生物的糖化发酵作用，总糖含量高于100克/升。由于加入了米白酒，酒精度也较高，口味鲜甜、醇厚，酒体协调，无异味。甜型黄酒可常年生产。

4. 按酿造方法划分

（1）淋饭酒。淋饭酒是指蒸熟的米饭用冷水淋凉，然后拌入酒药粉末，搭窝，糖化，最后加水发酵酿制成酒。这样酿成的淋饭酒口味较淡薄，有的工厂是用来作为酒母的，即

所谓的“淋饭酒母”。淋饭酒的制作方法是传统绍兴酒的制造方法之一。

（2）摊饭酒。摊饭酒是指将蒸熟的米饭摊在竹篦上，使米饭在空气中冷却，然后再加入麦曲、酒母（淋饭酒母）、浸米浆水等，混合后直接进行发酵酿制成酒。该法操作繁复，技术性强，生产周期长，但风味醇厚独特。

（3）喂饭酒。喂饭酒指通过喂饭或发酵，将酿酒原料分成几批，第一批先做成酒母，在培养成熟阶段，陆续分批加入新原料，扩大培养连续发酵的作用，使发酵继续进行的一种酒。按这种方法酿酒时，米饭不是一次性加入，而是分批加入。

（三）知名黄酒品牌

1. 绍兴黄酒（ShaoXing rice wine）

绍兴黄酒为我国黄酒中历史悠久的名酒。现代国家标准中的黄酒分类方法，基本上都是以绍兴黄酒的品种及质量指标为依据制定的。绍兴黄酒以糯米为主要原料，引“鉴湖”之水，加酒药、麦曲、浆水，用摊饭法和发酵及连续压榨煎酒法新工艺酿成，其酒液黄亮有光，香气浓郁芬芳，鲜美醇厚。由于原料配比量的不同和酿造操作的稍有变异，绍兴黄酒有多种自特殊的品质与风味。绍兴酒的主要酿造原料是得天独厚的鉴湖佳水、上等的精白糯米和优良黄皮小麦，人们称这三者为“酒中血”、“酒中肉”、“酒中骨”。

绍兴黄酒的特点是色泽澄亮清澈、香气馥郁芬芳、滋味甘甜醇厚，色香味俱佳，属于半干型黄酒，适于加温配冷菜。绍兴黄酒具有诱人的馥郁芳香，这种芳香不是指某一种特别重的香气，而是一种复合香，是由酯类、醇类、醛类、酸类、羟基化合物和酚类等多种成分组成的。这些有香物质来自米、麦曲本身以及发酵中多种微生物的代谢和贮存期中醇与酸的反应，它们结合起来就产生了馥香，而且往往随着时间的久远而更为浓烈。所以绍兴酒也称老酒，因为它越陈越香。

1999 年，我国对一些知名产品实行原产地域保护制度后，绍兴黄酒成为首批原产地域保护产品。到 2002 年底，中国绍兴黄酒集团公司、绍兴东风酒厂、绍兴女儿红酿酒有限公司、浙江塔牌酒厂、中粮绍兴酒有限公司、绍兴王宝和酒厂获得绍兴酒原产地域产品专用标志的使用权。

清嘉庆年间，绍兴酒被列为全国十大名酒之一；1910 年的南洋劝业会上绍兴酒荣获金奖；1915 年在美国旧金山举行的巴拿马太平洋万国博览会上，中国绍兴酒与中国的茅台酒、汾酒、泸州老窖特曲、洋河大曲、张裕金奖白兰地、张裕味美思酒及葡萄酒一起荣获金质奖章；绍兴酒在国家历届评酒会上都获得金奖，先后被列为国家“八大”、“十八大”名酒之一，“古越龙山”绍兴酒成为中国驰名商标；1988 年，绍兴酒被列为钓鱼台国宾馆唯一国宴专用酒。

绍兴黄酒的种类如下：

（1）元红酒。元红酒也称“状元红”。酒精度 15 度以上，糖、酸成分较低，属干型酒。其特点是清澈黄亮、香气芬芳、味醇爽口。是流传最广、产量最多、销量最大的绍兴酒，适于加温配鸡鸭。

（2）加饭酒。加饭酒酒精度 18 度以上，含糖量 2% 以上，高于元红酒，属半干型酒。加饭酒透明晶莹，香气浓烈，适宜吃冷盘时饮用。其特点是色泽澄亮清澈、香气馥郁芬芳、滋味甘甜醇厚，色香味俱佳，属于半干型黄酒，适于加温配冷菜。

（3）花雕酒。习惯上将酒坛上雕有五色彩图的酒称为花雕酒。选用上好糯米、优质麦曲，辅以江浙明净澄澈的湖水，用古法酿制，再贮以时日，产生出独特的风味和丰富的营养。

（4）善酿酒。用已贮存1~3年的元红酒，代水入缸与新酒再发酵，所酿成的酒再酿1~3年所成。善酿酒属半甜酒，呈深黄色，质地特浓，最适宜妇女及初饮者，配以甜菜肴或点心最佳。其特点是清亮透明、香气特盛、甘甜味美。属于半甜型黄酒，适于加温配甜味菜肴。

（5）香雪酒。用米饭加酒药和麦曲一次酿成的酒（绍兴酒中称为淋饭酒），拌入少量麦曲，再用由黄酒糟蒸馏所得的50度的糟烧代替水，一同入缸进行发酵。这样酿得的高糖（20%左右）、高酒精度（20度左右）的黄酒即是香雪酒。香雪酒属甜酒，鲜灵甜美，独具一格，可在饭前饭后少量饮用，也可与汽水白酒兑饮，最感适口，并助消化。其特点是淡黄清亮、香味浓醇、甘甜鲜美。

2. 山东即墨老酒

即墨老酒属于黄酒，是中国古典名酒之一，是黄酒中的珍品，其酿造历史可上溯到2000多年前，有正式记载的是始酿于北宋时期。其风味别致，营养丰富，酒色红褐，盈盅不溢，晶莹纯正，醇厚爽口，有舒筋活血、补气养神之功效，深得古今名人赞许。即墨老酒产于山东即墨县，古称“醪酒”，尤以“老干榨”为最佳。其质纯正，便于贮存，且愈久愈良，系胶东地区诸黄酒之冠。后依据即墨“老干榨”历史久远、久存尤佳的特点，为便于同其他地区黄酒区别，遂改称“即墨老酒”。

产自山东即墨酒厂，是以黍米为原料，加入麦曲发酵酿制而成。山东即墨老酒是久负盛名的黍米黄酒，色泽黑褐中带紫红，清亮透明，微有沉淀，久放不浑，饮时馥郁醇和，香甜爽口，微苦而有余香，酒精度为12度，是一种甜型黄酒，且能祛风散寒，补血活血，健胃健脾。

即墨老酒是我国最古老的黄酒品种，它以其悠久的历史、独特的工艺、丰富的营养、卓越的功效、优秀的品质，形成了独有特色的即墨老酒品牌文化，成为中国北方黄酒的典型代表，堪称历史名酿，中华瑰宝。

千百年来，即墨的酿酒师傅们在长期的实践中，摸索总结出了许多酿造老酒的“诀窍”，主要是要“守六法、把六关”。这“六法”，就是人们常说的“古遗六法”，它是酿造老酒必需具备的基本条件：

“黍米必齐”——酿造老酒必须用米中之王，颗粒饱满整齐、色泽金黄均匀的优质大黄米（黍子去壳而成）做原料，这是即墨老酒与其他黄酒的根本区别。

“曲糵必实”——酿造老酒的曲种，必须选用三伏天用优质小麦在透风采光、温度适宜的室内踏成并陈放一年的麦曲做糖化发酵剂，即中医所用的“神曲”。

“水泉必香”——这水是酒中之血，好水才能酿好酒。即墨酿造老酒，采用的是甘甜爽口的崂山麦饭石矿泉水，当然与众不同。

“陶器必良”——酿造老酒的容器，要选用质地优良、无渗漏的陶器或无毒无味的其他现代容器。

“湛炽必洁”——酿造、陈储老酒的器具必须严格杀菌消毒，防止杂菌污染。

“火齐必得”——酿造老酒的火候必须调剂适度，使温度能升能降，散热均匀，恰到好处。

达到了以上“六法”的要求，只是为酿造老酒准备了基本原料和设施，要酿出老酒，还必须把好以下六个工艺关口：

“熖糜”——将大黄米冲洗干净，浸泡均匀，倒入锅中，生火加温，待将米煮透后，边加温边用锅铲搅拌，并适时添浆，要使糜焦而不糊，“熖”到呈棕红色时出锅。

“糖化”——将熖好的糜在案板上摊凉，待降到适当温度时，按一定比例拌入加工好的曲面，再反复摊搅（打耙），使之混合均匀。

“发酵”——将摊搅好的糜装入发酵罐（缸）内，在适当温度下使酵母连续发酵，达到一定天数，再倒入二次发酵罐内继续发酵，直到彻底发酵完毕，成为酒醪。

“压榨”——将发酵好的酒醪装入榨酒机内压榨取酒，滤布、盛酒盘应冲洗干净，灭菌彻底，榨出的酒应澄红清亮。

“陈储”——将榨出的原酒放入储酒罐内，在恒温下陈储存放待用，要特别注意防止酸酒。

“勾兑”——取陈储好的原酒按产品标准要求勾兑并包装出厂。

按以上所述工艺操作，可以酿出老酒，但要酿出上好的老酒，就全凭酿酒大师们多年积累的经验了。

即墨黄酒厂（即墨牌老酒）、山东即墨妙府老酒有限公司（妙府老酒）、齐鲁酒厂（齐鲁老酒）、即墨墨河存缸酒厂（墨河老酒）是传统工艺的即墨产老酒厂。1950 年建立的“山东省即墨黄酒厂”，使久负盛名的“即墨老酒”得到进一步发展。1985 年，年产量达千吨。1963 年和 1979 年，在第二届、第三届全国评酒会上，被评为国家优质酒，荣获银质奖章；1984 年，在轻工业部酒类质量大赛中荣获金杯奖。1999 年被国家认定为黄酒唯一绿色饮品，2006 年被国家商务部认定为“中华老字号”产品，2010 年被中国工商总局认定为“中国驰名商标”。山东即墨妙府老酒有限公司产品依据即墨老酒传统的“古遗六法”传统工艺，结合先进的现代化设备为即墨的老酒事业竖起绿色旗帜。据了解，现即墨产老酒唯一一家无任何添加剂且被国家认证的企业为山东即墨妙府老酒有限公司生产的“妙府”老酒，其生产工艺已被列为青岛非物质遗产。

3. *福建龙岩沉缸酒*

该酒产于福建省龙岩市，“新罗泉”是酒厂拥有的著名品牌，是我国名优黄酒的典型代表之一。该酒已有 160 多年的历史，酒精度 20 度，具有甜型黄酒的特殊风格。龙岩沉缸酒酿法精湛，以上等糯米为原料，采用古田红曲和特制药曲为糖化发酵剂，酒醅（酿成而未滤的酒）经 3 次沉浮，最后使醅渣沉入缸底，陈酿 3 年而成。可以说，龙岩沉缸酒的酿法集我国黄酒酿造的各项传统精湛技术于一体，比如说，龙岩酒用曲多达 4 种，有当地祖传的药曲，其中加入 30 多味中药材；有散曲，这是我国最为传统的散曲，作为糖化用曲；此外还有白曲，这是南方所特有的米曲；红曲更是龙岩酒酿造必加之曲；酿造时，先加入药曲、散曲和白曲，先酿成甜酒酿，再分别投入著名的古田红曲及特制的米白酒。

龙岩沉缸酒呈鲜艳透明的红褐色，有琥珀光泽，甘甜醇厚，香气浓郁，酒味醇厚，纯净自然，具有不加糖而甜、不着色而艳红、不调香而芬芳的特点，风格独特。龙岩沉缸酒酒精度在 14% ~16%，属于特甜型酒，总糖度可达 22.5% ~27%，糖度虽高，但无黏稠感，诸味和谐。该酒曾三次荣获国家名酒称号。

4. 日本清酒

日本清酒，是借鉴中国黄酒的酿造法而发展起来的日本国酒。该酒有别于中国的黄酒，色泽呈淡黄色或无色，清亮透明，芳香宜人，口味醇正，绵柔爽口，其酸、甜、苦、涩、辣诸味协调，酒精含量在 15% 以上，含多种氨基酸、维生素，是营养丰富的饮料酒。

日本清酒的制作工艺十分考究。精选的大米要经过磨皮，使大米精白，浸渍时吸收水分快，而且容易蒸熟；发酵时又分成前、后发酵两个阶段；杀菌处理在装瓶前、后各进行一次，以确保酒的保质期；勾兑酒液时注重规格和标准。如“松竹梅”清酒的质量标准是：酒精含量 18%，含糖量 35 克/升，含酸量 0.3 克/升以下。

日本清酒的分类：

（1）按制法不同分类。

1）纯米酿造酒。纯米酿造酒即为纯米酒，仅以米、米曲和水为原料，不外加食用酒精。此类产品多数供外销。

2）普通酿造酒。普通酿造酒属低档的大众清酒，是在原酒液中兑入较多的食用酒精，即 1 吨原料米的醪液添加 100% 的酒精 120 升。

3）增酿造酒。增酿造酒是一种浓而甜的清酒。在勾兑时添加了食用酒精、糖类、酸类、氨基酸、盐类等原料调制而成。

4）本酿造酒。本酿造酒属中档清酒，食用酒精加入量低于普通酿造酒。

5）吟酿造酒。制作吟酿造酒时，要求所用原料的精米率在 60% 以下。以此酿造而成的酒具有香蕉的味道或者苹果的味道。日本酿造清酒很讲究糙米的精白程度，以精米率来衡量精白度，精白度越高，精米率就越低。精白后的米吸水快，容易蒸熟、糊化，有利于提高酒的质量。吟酿造酒又根据精米率的差别分为吟醸和大吟醸，其中大吟醸被誉为“清酒之王”。

（2）按口味分类。

1）甜口酒。甜口酒为含糖分较多、酸度较低的酒。

2）辣口酒。辣口酒为含糖分少、酸度较高的酒。

3）浓醇酒。浓醇酒为含浸出物及糖分多、口味浓厚的酒。

4）淡丽酒。淡丽酒为含浸出物及糖分少而爽口的酒。

5）高酸味酒。高酸味酒是以酸度高、酸味大为其特征的酒。

6）原酒。原酒是制成后不加水稀释的清酒。

7）市售酒。市售酒指原酒加水稀释后装瓶出售的酒。

（3）按贮存期分类。

1）新酒。新酒是指压滤后未过夏的清酒。

2）老酒。老酒是指贮存过一个夏季的清酒。

3）老陈酒。老陈酒是指贮存过两个夏季的清酒。

4）秘藏酒。秘藏酒是指酒龄为5年以上的清酒。

（4）按酒税法规定的级别分类。

1）特级清酒。品质优良，酒精含量16%以上，原浸出物浓度在30%以上。

2）一级清酒。品质较优，酒精含量16%以上，原浸出物浓度在29%以上。

3）二级清酒。品质一般，酒精含量15%以上，原浸出物浓度在26.5%以上。

（5）其他分类。根据日本法律规定，特级与一级的清酒必须送交政府有关部门鉴定通过，方可列入等级。由于日本酒税很高，特级的酒税是二级的4倍，有的酒商常以二级产品销售，所以受到内行饮家的欢迎。但是，从1992年开始，这种传统的分类法被取消了，取而代之的是按酿造原料的优劣、发酵的温度和时间以及是否添加食用酒精等来分类，并标出“纯米酒”、“超纯米酒”的字样。

任务2　认知蒸馏酒

蒸馏酒是乙醇浓度高于原发酵产物的各种酒精饮料，是把水果或谷物酿制而成的酒液加以蒸馏，经过稀释、调香、陈酿、勾兑等一系列生产工艺精制而成。蒸馏酒是继酿造酒之后发展起来的酒品，并成为当今世界酿酒工业最大宗的产品之一。蒸馏酒的兴起不仅促进了外国饮料工业的发展和科技事业的进步，也丰富了西方社会文化事业。

现代人们所熟悉的蒸馏酒有白兰地、威士忌、伏特加酒、朗姆酒、特吉拉、白酒等。其中，白兰地是葡萄酒蒸馏而成的，威士忌是大麦等谷物发酵酿制后经蒸馏而成的，朗姆酒则是甘蔗酒经蒸馏而成的，白酒是中国所特有的，一般是粮食酿成后经蒸馏而成的。

一、白兰地

白兰地，最初来自荷兰文 Brandewijn，意为“燃烧的葡萄酒”，被誉为“生命之水”。狭义上讲，是指葡萄发酵后经蒸馏而得到的高度酒精，再经橡木桶贮存而成的酒。白兰地是一种蒸馏酒，以水果为原料，经过发酵、蒸馏、贮藏后酿造而成。以葡萄为原料的蒸馏酒叫葡萄白兰地，常讲的白兰地，都是指葡萄白兰地。以其他水果为原料酿成的白兰地，应加上水果的名称，如苹果白兰地、樱桃白兰地等，但它们的知名度远不如前者大。

白兰地通常被人称为“葡萄酒的灵魂”。世界上生产白兰地的国家很多，但以法国出产的白兰地最为驰名，而在法国产的白兰地中，尤以干邑地区生产的最为优异，其次为雅文邑（阿尔曼涅克）地区所产。除了法国白兰地以外，其他盛产葡萄酒的国家，如西班牙、意大利、葡萄牙、美国、秘鲁、德国、南非、希腊等国家，也都有生产一定数量风格各异的白兰地。

（一）白兰地的特点与功效

1. 白兰地的特点

（1）白兰地有一种高雅醇和的口味，具有特殊的芳香。白兰地中的芳香物质首先来源于原料。法国著名的 Kognac 白兰地就是以科涅克地区的白玉霓、白福儿、格伦巴优良葡萄原料酿制的。这些优良葡萄品种含特有的香气，经过发酵和蒸馏，得到原白兰地。优质白兰地的高雅芳香还有一个来源，并且是非常重要的来源，那就是橡木桶。原白兰地酒贮存在橡木桶中，要发生一系列变化，从而变得高雅、柔和、醇厚、成熟，在葡萄酒行业，这叫“天然老熟”。在“天然老熟”过程中，发生两方面的变化：一是颜色的变化；二是口味的变化。原白兰地都是白色的，它在贮存时不断地提取橡木桶的木质成分，加上白兰地所含的单宁成分被氧化，经过五年、十年以至更长时间，逐渐变成金黄色、深金黄色到浓茶色。新蒸馏出来的原白兰地口味暴辣，香气不足，它从橡木桶的木质素中抽取橡木的香气，与自身单宁成分氧化产生的香气结合起来，形成一种白兰地特有的奇妙的香气。

（2）合格的白兰地还有一个极为重要的程序，那就是调配。调配也称勾兑，是白兰地生产的点睛之笔，它使葡萄酒的感观、香气和口感实现高度的和谐统一。怎样调配是各葡萄酒厂家的秘密，各厂都有自己的配方和自己的调配专家。作为白兰地调配大师，不仅需要精深的酿酒知识、丰富的实践经验，而且需要异常灵敏的嗅觉、味觉和艺术鉴赏能力。白兰地有一个特点，它不怕稀释。在白兰地中放进白水，风味不变还可降低酒度。因此，人们饮白兰地时往往放进冰块、矿泉水或苏打水。更有加茶水的，越是名贵茶叶越好，白兰地的芳香加上茶香，具有浓郁的民族特色。

2. 白兰地的功效

白兰地不是神话故事中的“魔水”，但它却是人类健康的朋友。

（1）国内外一些药物和营养学专家指出，经常饮用白兰地可帮助胃肠消化。

（2）秋季饮用白兰地，可以驱寒暖身、化瘀解毒，并对流行性感冒等病症有解热利尿之功效。

（3）白兰地还是一种心脏“兴奋剂”和“调节器”，是有效的血管扩张剂，欧洲一些国家医生在给心血管病人开药时，往往开一些白兰地，因为白兰地能提高心血管的强度，所以有人又称白兰地是心血管病人的良药。

（二）白兰地的分类

以葡萄为原料的白兰地，按生产方法的不同，可以分为葡萄原汁白兰地、葡萄皮渣白兰地、葡萄酒泥白兰地、一级配制酒型白兰地。葡萄原汁白兰地采用原汁葡萄酒蒸馏而成，陈酿后可成为世界上最好的白兰地。用发酵后的葡萄皮渣蒸馏而成的白兰地，称为葡萄酒泥白兰地。配制酒型白兰地是用甘蔗或甜菜的糖蜜发酵、蒸馏时得的酒精，与葡萄原汁白兰地、葡萄渣白兰地、葡萄酒泥白兰地混合勾兑而成的白兰地。因此，在不同的国家，白兰地具有不同的含义。

1. 法国白兰地

提起葡萄酒，人们便会自然地想到法国，而号称“葡萄酒之魂”的白兰地也仍然是法国的最好，其白兰地在品质、产量等方面均为世界第一。法国白兰地产品有干邑、雅

邑、葡萄渣白兰地、法国白兰地、水果白兰地等，其中干邑、雅邑是世界上享有盛誉的葡萄原汁白兰地，但这两种产品不以白兰地命名，而以产地命名，所谓的“法国白兰地”是要对外出口，法国人很少饮用。类似法国这样用葡萄酒精与甜菜酒精调配勾兑成“法国白兰地”的国家还有奥地利、比利时、挪威、荷兰、日本等国。

（1）干邑（Cognac）。白兰地最著名的产地当属法国，然而当人们提到极品白兰地的时候，不是泛指法国白兰地，而是指干邑白兰地（Cognac）。干邑（Cognac）是以地名为酒名的一种酒，干邑本是处于法国西南部夏朗德省的一个小镇，作为地名，中文译为：科涅克、干邑等，但作为酒名，商场和酒吧都译为“干邑”。干邑是世界上最有名气的白兰地生产地，不仅具备优越的葡萄生长条件，而且具有悠久的白兰地生产历史、古老的蒸馏设备和独特的酿造工艺，被称为“世界白兰地之王”。

依照1909年5月1日法国政府颁布的法令，只有在干邑地区生产的白兰地才能称为干邑白兰地，并受国家监督和保护。干邑白兰地酒体呈琥珀色，清亮透明，口味讲究，风格豪壮英烈，特点十分独特，酒精度为43度。1936年，法国政府正式将干邑酒的产区划分为7个，由于有两个产区质量特点相同，经常被合在一起，因此根据质量优劣划分的产区为6个：大香槟区（Grande Champagne），小香槟区（Petite Champagne），边林区（Bodreries），优质林区（Fins Bois），良制林区（Bons Bois），普通林区（Bois Ordinaires or Bois Communs）。其中，最著名的是大香槟区和小香槟区。对于用大小香槟区两个种植区的葡萄按对半的比例掺杂后酿制的干邑白兰地，法国政府又给予特别的称号“特别香槟干邑白兰地”（Fine Champagne COG－NAC）。这个称号是法律上的规定，任何酒商不能任意采用。到目前为止，在各种白兰地中，只有人头马的全部产品才冠以此称号。

有人说干邑的酒龄越长越香，因此一些人将干邑买回家，以延长其酒龄使其“增值”。其实酒龄是以酒在木桶内贮藏的年数来计算的，而所有的干邑在出售前都要经过调混，混合后的干邑没有平均年龄。上好的白兰地是加入了贮存年限长的酒。品质优良的干邑白兰地为了突出贮陈年限，抬高身价，酒瓶的商标上还要有醒目的特殊标记，这些标记各有不同的意义。干邑厂家常在标签上用字母标出该酒的品质，常见的有：E（Especial，特别的），F（Fine，好），V（Very，非常的），O（Old，老的），S（Superior，上好的），P（Pale，淡色），X（Extra，格外的），C（Cognac，干邑）。这些标记的含义不都是很严格的，不仅代表的酒龄没有严格的确定，相同的标记在不同的地区和厂家所代表的意义也不尽相同。

法国政府对白兰地，特别是干邑白兰地的等级有严格的规定：三星，在桶内的酿藏期必须超过两年半；V. O和VSOP，蕴藏期至少四年半以上；Napolean，蕴藏期至少六年半以上。法国政府只是定了以上三个级别，其余的干邑白兰地，如X. O、Extra等，均是酿藏期很长，法国政府并无严格规定，由各酒商自行决定。但是在干邑地区，干邑白兰地的标示都采用较高的陈年标准，如★3年陈；★★4年陈；★★★5年陈；V. O 10～12年陈；V. S. O 12～20年陈；V. S. O. P 20～30年陈；F. O. V30～50年陈；X. O 50年陈；X70年陈。

世界著名的干邑品牌有：RemyMartin（人头马）；Martell（马爹利）；Hennessy（轩尼

诗)；Bisquit（百事吉)；Camus（金花)；Courvoisier（拿破仑)；F. O. V（长颈)；Hine（御鹿)；Otard（豪达)；Augier（奥吉尔)；Croizet（克鲁瓦泽)；Dressare（大将军)；Curriese（金马)；Polignae（普利内)。

(2) 雅邑白兰地（Armagnac)。雅邑位于干邑南部，即法国西南部的热尔省（Gers）境内，国内译作“阿尔马涅克”、“阿马尼亚克”、“阿尔曼涅克”，以盛产深色白兰地驰名。雅邑白兰地可以简称雅邑，其酒体呈琥珀色，发黑发亮，因贮存时间较短而口味较烈，陈年或远年的雅邑白兰地酒香袭人，它风格稳健沉着，醇厚浓郁，回味悠长，留杯许久，有时可达一星期，酒精度为43度左右。雅邑也是受法国法律保护的白兰地品种，只有雅邑当地产的白兰地才可以在商标上冠以Armagnac字样。

雅邑白兰地虽没有干邑著名，但其所选用的葡萄品种与干邑基本相同，也是以白玉霓、白福儿、格伦巴为主，但其蒸馏法却完全有别于干邑的蒸馏，采用的是连续蒸馏法，蒸馏时间较长较慢。由于工艺的差异，使雅邑和干邑风格各异，被业内人士评誉为“干邑——女士风采”、“雅邑——男士风范”。

雅邑的生产工艺与干邑基本相似，其不同点在于：在蒸馏工序上，雅邑采用独特的半连续式蒸馏器，两次蒸馏连续进行；而干邑采用蚕式蒸馏器，两次蒸馏分开进行。在贮存工序上，雅邑选用黑橡木桶，酒液颜色较深，贮存时间较干邑短；而干邑采用白橡木桶，酒液颜色较浅，贮存时间较雅邑长。

雅邑白兰地的名品有卡斯塔浓（Castagnon)、夏博（Chabot)、珍尼（Janneau)、莱福屯（Lafontan)、莱波斯多（Lapostole)、索法尔（Sauval)、桑卜（Semp）等。

(3) 法国白兰地。除干邑和玛克白兰地以外的任何法国葡萄蒸馏酒都统称为白兰地。这些白兰地酒在生产、酿藏过程中政府没有太多的硬性规定，一般不需经过太长时间的酿藏，即可上市销售，其品牌种类较多，价格也比较低廉，质量不错，外包装也非常讲究，在世界市场上很有竞争力。法国白兰地，在酒的商标上常标注“Napoleon”（拿破仑）和“X. O”（特酿）等以区别其级别。其中以标注“Napoleon”（拿破仑）的最为广泛，真正俗称拿破仑牌子的白兰地是克罗维希（Courvoisier）和马爹利（Martell)、轩尼诗（Hennessy)、人头马（RemyMartin)，并称四大干邑。

较好的品牌有：巴蒂尼（BARDINET）是法国产销量最大的法国白兰地，同时也是世界各地免税商店销量最多的法国白兰地之一，其品牌创立于1857年。另外，还有CHOTEAU（喜都)、COURRIERE（克里耶尔）等，以及在我国酒吧常见的富豪、大将军等法国白兰地。

2. 玛克白兰地（Marc Brandy)

“Marc”在法语中是指渣滓的意思，所以很多人又把此类白兰地酒称为葡萄渣白兰地。它是将酿制红葡萄酒时经过发酵后过滤掉的酒精含量较高的葡萄果肉、果核、果皮残渣再度蒸馏，所提炼出的含酒精成分的液体，再在橡木桶中酿藏生产而成蒸馏酒品。在法

国许多著名的葡萄酒产地都有生产，其中以 Bourgogne（勃艮第）、Champagne（香槟）、Alsace（阿尔萨斯）等生产的较为著名。Bourgogne（勃艮第）是玛克白兰地的最著名产区，该地区所产玛克白兰地在橡木桶中要经过多年陈酿，最长的可达十余年之久。Champagne（香槟）与其相比就稍有逊色，而 Alsace（阿尔萨斯）生产的玛克白兰地则不需要在橡木桶中陈酿，因此该酒具有强烈的香味和无色透明的特点，此外阿尔萨斯地区生产的玛克白兰地要放在冰箱之中冰镇后方可饮用。

玛克白兰地著名的品牌有：皮耶尔领地 Domaine Pierre（Marc de Bourgogne）、卡慕 Camus（Marc de Bourgogne）、玛斯尼（阿尔萨斯玛克）Massenez、德普（阿尔萨斯玛克）Dopff、雷翁·比尔（阿尔萨斯玛克）Leon Beyer、吉尔贝特·米克（香槟玛克）Gilbert Miclo 等。

在意大利葡萄渣白兰地被称为 CRAPPA（格拉帕），一共有 2000 多个品牌，而且大部分酿制厂商都集中在意大利北部，采用单式蒸馏器进行蒸馏酿制。格拉帕分为普及品和高级品两种类型，普及品由于没有经过陈酿，色泽为无色透明状；高级品一般要经过一年以上在橡木桶中陈酿的过程，因此色泽略带黄色。格拉帕著名的品牌有：Ania（安妮）、Capezzana（卡佩扎纳）、Barbaresco（巴巴斯哥）、Nardini（纳尔迪尼）、Reimandi（瑞曼迪）等。

3. 水果白兰地

水果白兰地（Fruit Brandy，法语“Eaux de Vie”）亦称果子烈酒，是对水果浆汁进行发酵蒸馏生产得到的蒸馏酒。水果白兰地饮用前最好加以冰镇，并用冰镇过的玻璃杯，酒杯要有足够的空间来旋转酒液，使其发散出酒香。

（1）苹果白兰地。苹果白兰地是将苹果发酵后压榨出苹果汁，再加以蒸馏而酿制成的一种水果白兰地酒。它的主要产地在法国的北部和英国、美国等世界许多苹果的生产地。美国生产的苹果白兰地酒被称为“Apple Jack”，需要在橡木桶中陈酿五年才能销售。加拿大称为“Pomal”，德国称为“Apfelschnapps”。而世界最为著名的苹果白兰地酒是法国诺曼底的卡尔瓦多斯生产的，被称为“Calvados”。该酒色泽呈琥珀色，光泽明亮发黄，酒香清芬，果香浓郁，口味微甜，酒精度在 40～50 度左右。一般法国生产的苹果白兰地酒需要陈酿十年才能上市销售。各国对其称呼各不相同，如 Calvados（法国）、Eau de Vie de Cider（法国南部）、Applejack（美国）、Batzi（瑞士）、Trebern（奥地利）等。苹果白兰地的著名品牌有：Chateau Du Breuil（布鲁耶城堡）、Boulard（布拉德）、Dupont（杜彭特）、Roger Groult（罗杰·古鲁特）等。

（2）樱桃白兰地（Kirschwasser）。这种酒使用的主原料是樱桃，酿制时必须将其果蒂去掉，将果实压榨后加水使其发酵，然后经过蒸馏、酿藏而成。它的主要产地在法国的阿尔萨斯（Alsace）、德国的黑森林（Schwarzwald）、瑞士和东欧等地区。另外，在世界各地还有许多以其他水果为原料酿制而成的白兰地酒，只是在产量上、销售量上和名气上没有以上那些白兰地酒大而已，如李子白兰地酒（Plum Brandy）、苹果渣白兰地酒等。

（3）其他水果白兰地。以其他水果为主要原料酿制而成的白兰地，包括带核水果白兰地，如樱桃白兰地、李子白兰地、匈牙利杏白兰地、黑刺白兰地等；威廉斯梨白兰地，用被称为 Williams 或 Bartlett 的梨蒸馏而成，在梨状酒瓶中放有一个完整的成熟的梨；软性水果白兰地，如黑莓白兰地、草莓白兰地、覆盆子白兰地、冬青莓白兰地、越橘白兰地等。

4. 其他国家出产的白兰地

（1）美国白兰地（Ameican Brandy）。美国白兰地以加利福尼亚州的白兰地为代表。大约 200 多年以前，加州就开始蒸馏白兰地。到了 19 世纪中叶，白兰地已成为加州政府葡萄酒工业的重要附属产品。主要品牌有：E. & J.、Christian Brothers（克利斯丁兄弟）、Guild（吉尔德）等。美国白兰地口味清淡，有名的酒厂有：Korbel、E. & J.、Paul Masson 等。

（2）西班牙白兰地（Spanish Brandy）。西班牙白兰地主要被用来作为生产杜松子酒和香甜酒的原料。西班牙是世界上最大的白兰地生产国，也是最大的消费国。1987 年 8 月 6 日，西班牙政府成立了世界排名第三的白兰地产区，仅次于干邑和雅邑。郝蕾斯原本因产些厘酒而闻名。政府规定：Brandy de Jerez 必须产自些厘酒产区，并对酒的生产进行了限定，大多数些厘酒商均销售白兰地。主要品牌有：Carlos（卡罗斯）、Conde De Osborne（奥斯彭）、Fundador（芬达多）、Magno（玛格诺）、Soberano（索博阿诺）、Terry（特利）等。

（3）意大利白兰地（Italian Brandy）。意大利是生产和消费大量白兰地的国家之一，同时也是出口白兰地最多的国家之一。意大利白兰地口味比较重，饮用时最好加冰或水。Stock Distillery 是意大利最大的白兰地酒厂，著名品牌有：布顿（Buton）、斯托克（Stock）、维基亚·罗马尼亚（Vecchia Romagna）等。

（4）德国白兰地（German Brandy）。莱茵河地区是德国白兰地的生产中心，其著名的品牌有：Asbach（阿斯巴赫）、Goethe（葛罗特）和 Jacobi（贾克比）等。

（5）中国白兰地。根据中华人民共和国“白兰地”国家标准，白兰地分为 XO 特级、VSOP 优级、VO 一级、二级（三星）这四个级别。特级酒的感官要求：澄清透明、晶亮，无悬浮物、无沉淀、色泽金黄，具有和谐的葡萄品种香气，陈酿的橡木香气，醇厚的酒香幽雅浓郁、细腻丰满、绵延，有独特风格。成立于 1892 年的烟台张裕葡萄酒公司最早在中国近代生产白兰地，我国在 1915 年巴拿马万国博览会上获得金奖的张裕金奖白兰地也是比较好的白兰地品牌之一。

除以上生产白兰地的国家外，还有葡萄牙的 Cumeada（康梅达）、希腊的 Metaxa（梅塔莎）、亚美尼亚的 Noyac（诺亚克）、南非的 Kwv、加拿大的 Ontario（安大略小木桶）、Guild（基尔德）等也生产质量较好的白兰地。

二、中国白酒

中国白酒（Chinese Spirits）是以高粱等粮谷为主要原料，以大曲、小曲及酒母等为糖化发酵剂，经蒸煮、糖化、发酵、蒸馏、陈酿、勾兑而制成的蒸馏酒。以前叫烧酒、高粱酒，新中国成立后统称白酒、白干。白酒就是无色的意思，白干就是不掺水，烧酒是经过发酵的原料入甑加热蒸馏出的酒。

白酒是中国特有的一种蒸馏酒。优质白酒必须有适当的贮存期。泸型酒至少贮存 3 ~ 6 个月，多在 1 年以上；汾型酒贮存期为 1 年左右，茅型酒要求贮存 3 年以上。酒精度一般都在 40 度以上，40 度以下为低度酒。

（一）白酒的原料和功效

1. 白酒的原料

主料：包含淀粉或糖质的原料，主要有谷物、薯类、代用原料等，其中以高粱最为适宜。用薯类为原料的白酒要特别注意甲醇含量。

辅料：采用固态发酵时，为了给发酵和蒸馏创造有利条件，需加稻壳、高粱壳等辅料。

酒曲：糖化剂，酒曲就是酒的骨骼，酒曲是白酒生产的动力，主要有：①大曲。用小麦或大麦、豌豆等原料经自然发酵制成。大曲酿制的白酒，香味浓厚，质量高，但粮食多，出酒率低，生产周期长。②小曲。药曲，以曲胚形小而得名，以大米等原料制成球形或块状。小曲酿制的酒，一般香味较淡薄，属于米香型，大多采用半固态发酵法，用曲少，出酒率高。④麸曲。用皮、酒糟制成的散状曲，不需要用粮食，生产周期短，故名快曲。麸曲节约粮食，出酒率高，生产周期短，适用于酿制多种原料。缺点是酒的风味不及大曲。

酒母：纯种酵母扩大培养后称为酒母。

酿制用水："名酒所在，必有佳泉"，水质的好坏对酒有直接的影响。人们比喻水是"酒的血液"。酿制用水，选山中泉水，洁净的河水、湖水，或是干净的井水。

2. 白酒的功效

（1）白酒的益处。白酒不同于黄酒、啤酒和果酒，除了含有极少量的钠、铜、锌，几乎不含维生素和钙、磷、铁等，所含有的仅是水和乙醇（酒精）。传统认为白酒有活血通脉、助药力、增进食欲、消除疲劳、陶冶情操、御寒提神并使人轻快的功能。饮用少量低度白酒可以扩张小血管，降低血液中的含糖量，促进血液循环，延缓胆固醇等脂质在血管壁的沉积，对循环系统及心脑血管有利。白酒除了以上保健功能外，还有其他功效，具体如下：

减痛：不慎将脚扭伤后，将温白酒涂于伤处轻轻按揉，能舒筋活血，消除疼痛。

去腥：手上沾有鱼虾腥味时，用少许白酒清洗，即可去掉腥气味。

除腻：在烹调脂肪较多的肉类、鱼类时，加少许白酒，可使菜肴味道鲜美而不油腻。

消苦：剖鱼时若弄破苦胆，立即在鱼肚内抹一点白酒，然后用冷水冲洗，可消除苦味。

减酸：烹调菜肴时，如果加醋过多，只要再往菜中倒些白酒，即可减轻酸味。

去泡：因长途行走或因劳动摩擦手脚起泡时，临睡前把白酒涂于起泡处，次日早晨可去泡。

增香：往醋中加几滴白酒和少许食盐，搅拌均匀，既能保持醋的酸味，又能增加醋的香味。

（2）喝白酒的危害。酒的主要成分是酒精，化学名叫乙醇。乙醇进入人体，能产生多方面的破坏作用。

1）血液中的乙醇浓度达到0.05%时，酒精的作用开始显露，出现兴奋和欣快感；当血液中乙醇浓度达到0.1%时，人就会失去自制能力。如达到0.2%时，人已到了酩酊大醉的地步；达到0.4%时，人就可失去知觉，昏迷不醒，甚至有生命危险。

2）酒精对人的损害，最重要的是对中枢神经系统的损害。它使神经系统从兴奋到高度的抑制，严重地破坏神经系统的正常功能。过量的饮酒还会损害肝脏，慢性酒精中毒则可导致酒精性肝硬化。

3）过度饮酒伤身，最伤身的是空腹饮酒。空腹饮酒会刺激胃黏膜，容易引起胃炎、胃溃疡等疾病。空腹饮酒还会引发低血糖，会导致我们体内葡萄糖供应不足，会出现心悸、头晕等现象。

此外，慢性酒精中毒对身体还有多方面的损害。如可导致多发性神经炎、心肌病变、脑病变、造血功能障碍、胰腺炎、胃炎和溃疡病等，还可使高血压病的发病率升高。长期大量饮酒，能危害生殖细胞，导致后代的智力低下。常饮酒的人喉癌及消化道癌的发病率明显增加。

（二）白酒的分类

1. 香型分类

（1）浓香型。以粮谷为原料，经固态发酵、贮存、勾兑而成，是具有以乙酸乙酯为主体的复合香气的蒸馏酒，也称为五粮液香型，以四川泸州老窖特曲及五粮液为代表。特点：窖香浓郁、清洌甘爽、绵柔醇厚、香味协调、尾净余长。浓香型白酒的种类丰富多彩，有的是柔香、有的是暴香、有的是落后团、有的是落口散，共性是：香味浓郁，入口绵甜，进口落口后味都应甜，不应出现明显的苦味。高度酒酒精度为40~60度，其总酸（以乙酸计）为0.5~1.7克/升，总酯（以乙酸乙酯计）为≥2.5克/升；低度酒酒精度为40度以下，其总酸≥0.4克/升，总酯≥2克/升。

（2）酱香型。又叫茅香型，以高粱、小麦为原料，经发酵、蒸馏、贮存、勾兑而制成，是具有酱香特点的蒸馏酒。特点是酱香突出、幽雅细致、酒体醇厚、回味悠长、空杯留香。代表酒是贵州茅台酒、郎酒、湟金梦、贵海酒。高度酒酒精度分为43度和53度两种。其总酸（以乙酸计）≥1.5克/升，总酯（以乙酸乙酯计）≥2.5克/升；低度酒酒精度为38度以下，其总酸≥0.7克/升，总酯≥1.5克/升。

（3）清香型。以粮谷等为主要原料，经糖化、发酵、贮存、勾兑酿制而成，是具有以乙酸乙酯为主体的复合香气的蒸馏酒。清香型白酒特点：清香醇正、醇甜柔和、自然协调、余味爽净，入口绵、落口甜、香气清正。以山西汾酒为代表作。高度酒按酒精度分为40~54度、55~65度两种，其总酸（以乙酸计）为0.4~0.9克/升，其总酯（以乙酸乙酯计）为1.4~2克/升；低度酒酒精度在40度以下，其总酸≥0.3克/升，总酯≥1.4克/升。

（4）米香型。也叫做蜜香型，是以大米为原料，经半固态发酵、蒸馏、贮存、勾兑而制成，是具有小曲米香特点的蒸馏酒。小曲香型酒，一般以大米为原料。特点是蜜香清雅醇正，入口柔绵，落口甘洌，回味怡畅。以桂林象山牌三花酒为代表。高度酒酒精度为38～52度，其总酸（以乙酸计）为0.15～0.3克/升，总酯（以乙酸乙酯计）为0.4～0.8克/升；低度酒酒精度为40度以下，其总酸≥0.2克/升，总酯≥0.6克/升。

（5）其他香型酒。兼香型、复香型、混合香型，是以谷物为主要原料，经发酵、贮存、勾兑酿制而成，具有浓香兼酱香独特风格的蒸馏酒。此类酒大多是工艺独特，大小曲都用，发酵时间长。凡不属上述四类香型的白酒（兼有两种香型或两种以上香型的酒）均可归于此类，如药香型、兼香型、凤型、特型、豉香型、芝麻香型。

2. 生产工艺分类

（1）固态法白酒。采用固态糖化、固态发酵及固态蒸馏的传统工艺酿制而成的白酒。

（2）半固态白酒。采用固态培菌、糖化，加水后，于液态下发酵、蒸馏的传统工艺酿制而成的白酒。

（3）液态法白酒。采用液态糖化、发酵、蒸馏而制成的白酒。分为传统液态法白酒、串香白酒、固液勾兑白酒、调香白酒等。

3. 曲种分类

（1）大曲酒。以大曲为糖化发酵剂，大曲的原料主要是小麦、大麦，加上一定数量的豌豆。大曲又分为中温曲、高温曲和超高温曲。一般是固态发酵，大曲酒所酿的酒质量较好，多数名优酒均以大曲酿成。

（2）小曲酒。是以稻米为原料制成的，多采用半固态发酵，南方的白酒多是小曲酒。小曲又称酒药，有无药小曲和药曲之分。小曲的品种很多，所用药材亦彼此各异，但其中所含微生物以根霉、毛霉为主。

（3）麸曲酒。这是新中国成立后在烟台操作法的基础上发展起来的，分别以纯培养的曲霉菌及纯培养的酒母作为糖化、发酵剂，发酵时间较短，由于生产成本较低，为多数酒厂所采用，此种类型的酒产量最大，以大众为消费对象。

（4）混曲酒。主要是大曲和小曲混用所酿成的酒。

（5）其他糖化剂酒。这是以糖化酶为糖化剂，加酿酒活性干酵母（或生香酵母）发酵酿制而成的白酒。

4. 其他分类

按使用的主要原料可分为：粮食酒、瓜干酒、代用原料酒；按酒精含量可分为：高度酒、降度酒、低度酒；按产品档次可分为：高档酒、中档酒、低档酒；按产品等级一般分为优级、一级、二级等，优级品应具有本品突出的风格。

（三）知名白酒品牌

1. 茅台酒

茅台酒是世界三大名酒之一，已有800多年的历史，是我国大曲酱香型酒的鼻祖，是酿造者以神奇的智慧，提高粱之精，取小麦之魂，采天地之灵气，捕捉特殊环境里不可替代的微生物发酵，糅合、升华而树立起的酒文化丰碑。

酒品晶莹剔透，微有黄色，具有酱香突出、幽雅细腻、酒体醇厚丰满、回味悠长、空杯留香久的特点。它的独特风味是其他白酒无法比拟的，茅台酒的质量与产地有密切的关系，是茅台酒区别于其他白酒的关键之一。茅台酒产在茅台镇处于贵州高原最低点的河谷，海拔仅440米，气候温暖，雨水充沛，风速缓和，有利于酿造茅台时的微生物繁殖。茅台镇独特的地址风貌和当地的土壤和水的特点及亚热带气候是适宜酿造茅台酒的原因。由于茅台酒是无法复制的，所以它是我国首个被国家纳入原产地域保护的白酒产品。用于产茅台的红缨子高粱属于糯性高粱，其颗粒坚实、饱满、均匀、粒小皮厚，淀粉含量高。茅台酒工艺独特，基酒的生产周期为一年，需要三年以上的贮藏才能勾兑，不添加任何香料物质。

2. 五粮液

由四川宜宾五粮液集团有限公司生产，宜宾古称为戎州、叙州，酿酒历史久远。在宜宾出土的历史遗物中，有很多是盛酒器具，说明早在汉代就已盛行酿酒和饮酒文化。随着历史的发展衍生出了“烧酒”，使用高粱、粳米、糯米、玉米、荞麦五种谷物酿成，后来也因此更名为“五粮液”。现在的五粮液的酿造原料为红高粱、糯米、大米、小麦、玉米这五种粮食。糖化发酵剂是春小麦制曲，用的是一套特殊的制曲方法。酿酒用的水是岷江江心水，水质清洌优良。是用陈年老窖发酵而成。五粮液酒无色、清澈透明、香气悠长、口味醇厚、入口甘绵、入喉净爽、恰到好处，饮后不上头。是浓香型大曲的佳品。

宜宾的稻土、新积土、紫色土等六大类优质土壤，非常适合种植糯、稻、玉米、小麦、高粱等作物，这些正是酿造五粮液主要原料。特别是宜宾紫色土上种植的高粱，属糯高粱种，所含淀粉大多为支链淀粉，是五粮液独有的酿酒原料。而五粮液筑窖和喷窖用的弱酸性黄黏土，黏性强，富含磷、铁、镍、钴等多种矿物质，尤其是镍、钴这两种矿物质只在五粮液培养泥中才有微弱量，其他酒厂的培养泥中都没有，这个生态环境非常有利于酿酒微生物的生存。五粮液的生产需要150多种空气和土壤中的微生物参与发酵，因此，必须要有能适应150多种微生物共生共存的自然生态环境，而这样的环境只有在宜宾才能找到。

3. 西凤酒

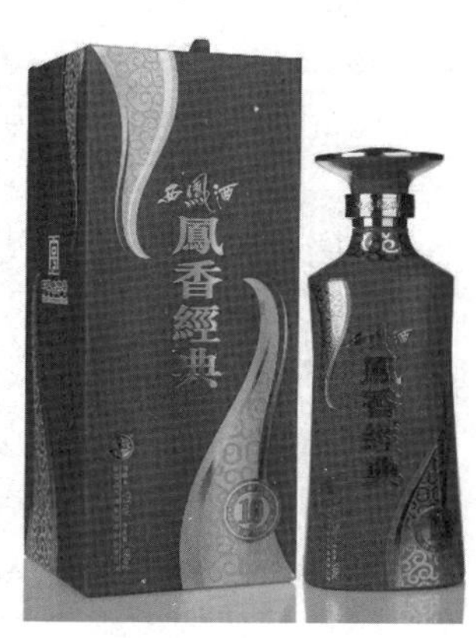

西凤老酒是我国最古老的历史名酒之一，它始于殷商，盛于唐宋，距今已有3000多年的历史。西凤老酒是我国“八大名酒”之一，原产于陕西省凤翔、宝鸡、岐山、眉县一带，唯以凤翔城西柳镇所生产的酒为最佳，声誉最高。在唐朝西凤酒就以“甘泉佳酿，清洌醇馥”被列入珍品而闻名于世。在1867年举行的南洋赛酒会上荣获二等奖，遂蜚声中外。在第一、第二届全国评酒会上被评为国家名酒。除供应国内需要外，还远销世界许多国家和地区。

4. 泸州老窖

泸州老窖于1952年被国家确定为浓香型白酒的典型代表，泸州老窖国宝酒是经国宝

窖池精心酿制而成，是当今最好的浓香型白酒，由泸州老窖集团有限责任公司生产。据《宋史》记载，泸州等地酿有小酒和大酒，大酒也称烧酒，酒体透明无色，窖香浓郁，清洌甘爽，饮后尤香，回味悠长。具有浓香、醇和、味甜、回味长的特点。泸州老窖特曲（大曲）是中国最古老的四大名酒，蝉联历届中国名酒称号，被誉为“浓香鼻祖”、“酒中泰斗”。1915 年在美国旧金山获巴拿马太平洋万国博览会金奖，1916～1926 年相继获南洋劝业会、北洋劝业会一等奖章，上海展览会甲等奖状。1952 年，在第一届全国评酒会上，被评为全国四大名酒之一。在以后的历届评酒中，都蝉联全国名酒称号，并多次荣获国家金质奖。屡获重大国际金牌 17 枚。其“泸州”牌注册商标是中国首届十大驰名商标之一。

5. 汾酒

山西汾酒是我国清香型白酒的典型代表，工艺精湛，源远流长，以其清香、醇正的独特风味著称于世。素以入口绵、落口甜、饮后余香、回味悠长的特色而著称，在国内外消费者中享有较高的知名度、美誉度和忠诚度。历史上，汾酒曾经历过三次辉煌，有着 4000 年左右的悠久历史，1500 年前的南北朝时期，汾酒作为宫廷御酒受到北齐武成帝的极力推崇，被载入《二十四史》，从此一举成名。它被誉为最早国酒，国之瑰宝，是古代汉族劳动人民的智慧的结晶。

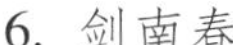

6. 剑南春

汉族传统名酒，产于四川省绵竹市，因绵竹在唐代属剑南道，故称“剑南春”。四川的绵竹市素有“酒乡”之称，绵竹市因产竹产酒而得名。早在唐代就生产闻名遐迩的美酒——“剑南烧春”，相传李白为喝此美酒曾在这里把皮袄卖掉买酒痛饮，留下“士解金貂”、“解貂赎酒”的典故。北宋苏轼称赞这种蜜酒“三日开瓮香满域”，“甘露微浊醍醐清”，其酒吸之引人可见一斑。

7. 古井贡酒

汉族传统名酒。产自安徽省亳州市，属于亳州地区特产的大曲浓香型白酒，有“酒中牡丹”之称、被称为中国八大名酒之一。古井贡酒在中国酿酒史上拥有非常悠久的历史，其渊源始于公元 196 年曹操将家乡亳州产的“九酝春酒”和酿造方法晋献给汉献帝刘协。它以“色清如水晶、香醇似幽兰、入口甘美醇和、回味经久不息”的独特风格，赢得了海内外的一致赞誉。

古井贡酒先后四次蝉联全国评酒会金奖，荣获中国名酒称号。1988 年在第 13 届巴黎国际食品博览会上荣登榜首。古井集团以古井贡酒为主导产品，现已发展成为集酒业、酒店业、房地产业、农产品深加工业等为一体，跨地区、跨行业、多元化发展的国家大型一档企业。

三、威士忌

威士忌是英文"Whisky"的音译，意思是生命之水。威士忌（Whisky）是一种由大麦等谷物酿制，在橡木桶中陈酿多年后，被调配成43度左右的烈性蒸馏酒。英国人称之为"生命之水"。

威士忌只有两种，一种是大麦威士忌，例如仅以大麦芽酿成的格兰威特；另一种是混合威士忌，例如芝华士，它是以各种的大麦和谷物酿成的苏格兰威士忌混合调配而成，酒味独特，如交响乐一般。由于威士忌酒液经蒸馏后，会被注入橡木桶等后醇化；经过时间的洗礼，谷物的特点和橡木的色泽使每瓶威士忌均别具特色。所有威士忌均需经历最少3年的醇化过程。实际上，大部分苏格兰威士忌均较其所示年份被醇化了更长的时间。威士忌瓶上印有年份，表明了酒液在橡木桶中醇化的时间。对于"真正的威士忌年份"，卖酒商店的口头承诺未必可信，最好的办法是自己查证威士忌瓶上标识所印的年份。

在品尝威士忌时有以下几种方法：

纯饮。可肆意让威士忌的强劲个性直接冲击感官，可以说是最能体会威士忌原色原味的传统品饮方式，爷们儿、豪爽。并不是选择纯饮的男人都能很爷们儿地抵挡住威士忌的后劲而不酒后失态，更敬佩那些真的很懂品酒且有分寸的绅士。

加冰块。主要为了稀释，年头比较少的酒会很烈，喝的时候会比较呛，所以加冰可以稀释且口感更好，是想降低酒精刺激又不想稀释威士忌的另一种选择。威士忌加冰块，不但能抑制酒精味还能增加视觉美。

加苏打水。这是聪明又有情调的男人的喝法，威士忌的浓醇、馥郁配合苏打水的灵动、倔强。入口时，味蕾享受到的是一种前所未有的释放性乐趣，而整个人享受到的则是一种前所未有的超然快感。

（一）威士忌的生产工艺

一般威士忌的制造过程可分为下列几个步骤：

1. 发芽（Malting）

首先将去除杂质后的麦类（Malt）或谷类（Grain）浸泡在热水中使其发芽，其间所需的时间视麦类或谷类品种的不同而有所差异，但一般而言约需要1~2周的时间来进行发芽。待其发芽后再将其烘干或以泥煤（Peat）熏干，等冷却后再储放大约一个月的时间，发芽的过程即算完成。

2. 粉碎（Mashing）

将储放一个月后的麦类或谷类放入特制的不锈钢槽中加以捣碎并煮熟成汁，其间所需要的时间约8~12小时，通常在粉碎的过程中，温度及时间的控制可说是相当重要的一环，过高的温度或过长的时间都将会影响到麦芽汁（或谷类的汁）的品质。

3. 发酵（Fermentation）

将冷却后的麦芽汁再加入酵母菌进行发酵的过程，由于酵母能将麦芽汁中糖转化成酒精，因此在完成发酵过程后会产生酒精浓度5%~6%的液体，此时的液体被称为

“Wash”或“Beer”，由于酵母的种类很多，对于发酵过程的影响又不尽相同，因此各个不同的威士忌品牌都将其使用的酵母的种类及数量视为其商业机密，而不轻易告诉外人。

4. 蒸馏（Distillation）

一般而言蒸馏具有浓缩的作用，因此麦类或谷类经发酵后所形成的低酒精度的“Beer”还需要经过蒸馏的步骤才能形成威士忌，这时的威士忌酒精浓度在60%～70%，被称之为“新酒”。麦类及谷类所使用的蒸馏方式有所不同，由麦类制成的麦芽威士忌是采取单一蒸馏法，即以单一蒸馏容器进行两次的蒸馏过程，并在第二次蒸馏过程中去其头尾，只取中间的酒心（Heart）部分称为威士忌；由谷类制成的威士忌是采取连续式的蒸馏法，即使用两个蒸馏容器以串联方式一次连续进行两阶段的蒸馏过程。

5. 陈年（Maturing）

蒸馏过后的新酒必须经过陈年的过程使其经由橡木桶吸收各类植物的天然香气，并产生出漂亮的琥珀色，同时亦可逐渐降低其酒精浓度，目前在苏格兰地区有相关的法令来规范陈年的酒龄，亦即每一种酒所标示的酒龄都必须是真实无误的，这样的措施除了可保障消费大众的权益外，更替苏格兰地区的威士忌建立起高品质的形象。

6. 勾兑（Blending）

由于麦类及谷类的品种众多，因此所制造而成的威士忌亦各有其不同的风味，这时就需要各个酒厂的调酒大师依其经验各自调制出其与众不同的口味的威士忌，也因此各个品牌的勾兑过程及其内容都被视为是绝对的机密，而混配后的威士忌其好坏就完全是由品酒专家及消费者来决定了。

7. 装瓶（Bottling）

在勾兑的程序做完后，最后剩下来的就是装瓶了，但是在装瓶之前先要将混配好的威士忌再过滤一次，将杂质去除掉，这时即可由自动化的装瓶机器将威士忌按固定的容量分装至每一瓶中，然后贴上卷标后即可装箱出售。

（二）威士忌分类

我们平时所说的威士忌只是一种统称，事实上威士忌的种类很多，世界上许多国家和地区都有生产威士忌的酒厂，人们熟悉的、最常见的、最具代表性的是按产区将威士忌分为四大类，即苏格兰威士忌、爱尔兰威士忌、美国威士忌、加拿大威士忌。至于其他国家或地区抑或生产威士忌，但始终无法如上述四大类般具有全球性的知名度。

1. 苏格兰威士忌

凡是在英国北部苏格兰酿造或兑和的威士忌都称为苏格兰威士忌，它可以代表英国甚至全世界的威士忌。苏格兰威士忌在世界酒坛上享有盛名，其主要原因来自于苏格兰的天然气候和自然环境，这一切给苏格兰人酿造苏格兰威士忌带来了得天独厚的条件。苏格兰的水含有特殊的矿物成分，使得由此水酿成的苏格兰威士忌的品位别具一格；此外，用来烘烤麦芽的既像泥又似木炭的物质（Peat）也是苏格兰所独有的；苏格兰的气候使得威士忌在桶中陈酿时不会过高地蒸发，并与橡木桶发生作用。这一系列的优势构成了苏格兰威士忌的独特成熟美味。其酿制经八道工序，即将大麦浸水发芽、烘干、粉碎麦芽、入槽加水糖化、入桶加入酵母发酵、蒸馏两次、陈酿、混合。苏格兰威士忌风格独特，其色泽棕红带黄（Umber Color），清澈透亮（Pale Gold），气味焦香，略带烟熏味（Smokey），口感醇厚甘洌（Bracing）、劲足（Strong）、圆正（Round）、绵柔（Smooth）。酒精度一般在

40% ~43%。苏格兰威士忌必须陈酿5~20年方可饮用，15~20年的最优，但装瓶以后，则可保持酒质永久不变。苏格兰威士忌品种繁多，按原料和酿造方法不同，可分为纯麦芽威士忌、谷物威士忌和兑和威士忌三大类。

(1) 纯麦芽威士忌 (Pure malt Whisky)。只用大麦做原料酿制而成的蒸馏酒叫纯麦芽威士忌。纯麦芽威士忌是以在露天泥煤上烘烤的大麦芽为原料，用罐式蒸馏器蒸馏，一般经过两次蒸馏，蒸馏后所获酒液的酒精度达63.4度，入特制的炭烧过的橡木桶中陈酿，装瓶前用水稀释，此酒具有泥煤所产生的丰富香味。按规定，陈酿时间至少3年，一般陈酿5年以上的酒就可以饮用，陈酿7~8年的酒为成品酒，陈酿10~20年的酒为最优质酒。而陈酿20年以上的酒，其自身的质量会有所下降。纯麦芽威士忌深受苏格兰人喜爱，但由于泥煤味很浓，不易接受，所以只有10%直接销售，其余约90%作为勾兑混合威士忌酒时的原酒使用。所以很少外销。

纯麦威士忌比较著名的品牌有：The Glenlivet（格兰威特），Gardhu（卡尔都），Argyli（阿尔吉利），Britannia（不列颠尼亚），Glenfiddich（格兰菲蒂切），Highland（高地帕克），马加兰（Macallan），托玛亭（Tomatin），斯布尔邦克（Spring Bank）。

(2) 谷物威士忌 (Grain Whisky)。谷物威士忌采用多种谷物作为酿酒的原料，如燕麦、黑麦、大麦、小麦、玉米等。其只需一次蒸馏，主要以不发芽的大麦为原料，以麦芽为糖化剂生产的，它与其他威士忌酒的区别是大部分大麦不发芽发酵。因为大部分大麦不发芽所以也就不必使用大量的泥煤来烘烤，故成酒后谷物威士忌的泥炭香味也就相应少一些，口味上也就显得柔和细致了许多。谷物威士忌只需一次蒸馏，蒸馏的酒精度高达90度以上，其味道类似中性酒精，主要用于勾兑其他威士忌和金酒，很少直接兑成威士忌单纯饮用，因此市场上少有零售。

谷物威士忌比较著名的品牌有：本尼威斯（Ben Nevis），卡伯士（Cambus），吉尔瓦恩（Girvan）。

(3) 兑和威士忌 (Blended Whisky)。兑和威士忌又称混合威士忌，是用纯麦芽威士忌和混合威士忌掺兑勾和而成的。兑和是一门技术性很强的工作，威士忌的勾兑掺和是由兑和师掌握的。兑和时，不仅要考虑到纯麦芽威士忌和谷物威士忌酒液的比例，还要考虑到各种勾兑酒液的陈酿年龄、产地、口味等其他特性。

兑和工作的第一步是勾兑。勾兑时，技师只用鼻子嗅，从不用口尝。遇到困惑时，把酒液抹一点在手背上，再仔细嗅别鉴定。第二步是掺和，勾兑好的剂量配方是保密的。按照剂量把不同的品种注入混合器（或者通过高压喷雾）调匀，然后加入染色剂（多用饴糖），最后入桶陈酿贮存。兑和后的威士忌烟熏味被冲淡，嗅觉上更加诱人，融合了强烈的麦芽及细致的谷物香味，因此畅销世界各地。根据纯麦芽威士忌和谷物威士忌比例的多少，兑和后的威士忌依据其酒液中纯麦芽威士忌酒的含量比例分为普通和高级两种类型。一般来说，纯麦芽威士忌用量在50% ~80%者，为高级兑和威士忌酒；如果谷类威士忌所占比重大，即为普通威士忌酒。

整个世界范围内销售的威士忌酒绝大多数都是混合威士忌酒。苏格兰混合威士忌的常见包装容量在700～750ml，酒精含量在43度左右。其中，知名的苏格兰威士忌的品种主要有：

芝华士威士忌：芝华士12年威士忌的特佳酒质，已成为举世公认衡量优质苏格兰威士忌的标准。其高贵银箔纸盒装潢，更是人所共知。12年陈酿的芝华士12年威士忌，品质永远保持水准，成为有史以来声誉最高的苏格兰优质威士忌。

尊尼获加蓝方威士忌："蓝牌"是尊尼获加系列的顶级醇酿，精挑细选自苏格兰多处地方最陈年的威士忌调配而成，当中包含了年份高达60年的威士忌。酒质独特，醇厚芳香，为威士忌鉴赏家之选。

特醇百龄坛：采用多种优质纯麦威士忌调配而成，酒质晶莹香浓，匹配任何软性饮料，最能发挥威士忌的魅力。

麦卡伦40年苏格兰威士忌：这款稀有的陈年瓶装酒是麦卡伦艺术和专业技艺的完美结合，也是麦卡伦顶尖代表作，限量发售仅450瓶。此款威士忌混合了柑橘、黑巧克力和桂皮的味道，尤其干果的口感使其回味更加悠长。

2. 美国威士忌

美国是世界上最大的威士忌生产国和消费国。据有关资料统计，美国的成年人平均每人每年喝掉16瓶威士忌。提到美国威士忌，人们自然而然便会想到美国波本威士忌（American Bourbon Whiskey）。

美国威士忌是在征服新大陆的爱尔兰和苏格兰移民到来之后出现的，在18世纪中叶，美国威士忌才真正开始发展起来。以原产美国南部玉米和其他谷物为原料，用加入了麦类的玉米作酿造原料，经发酵、蒸馏后放入内侧熏焦的橡木酒桶中酿制2～3年，装瓶时加入一定数量蒸馏水稀释。美国威士忌没有苏格兰威士忌那样浓烈的煌烟味，但具有独特的橡树芳香。美国威士忌的主要类别如下：

纯威士忌（Straight Whiskey）：通过对发酵好的谷物麦芽糖进行蒸馏后获得，在成分上含不少于51%的谷物，蒸馏后的浓度不能超过80%。在陈年之后，应该用水把它稀释到不超过125proof，在橡木桶中保存的时间应该不少于2年。每瓶浓度不低于40%。这种威士忌只能在同一家酿酒厂生产，有以下几种：

波本威士忌（Bourbon Whiskey）最著名的也是最古老的美国威士忌。它以谷物为原料，其中包含不低于51%的玉米，经连续两次蒸馏后其酒精度在40～65度之间，然后贮藏在内侧已烧焦的橡木桶中至少两年以上，按照此法生产出的酒方可称为波本威士忌。波本威士忌清澈透亮，呈琥珀色，酒香幽雅，口感醇厚、绵柔，回味悠长。这种威士忌是以肯塔基州的波本郡来命名的。在波本郡保留了很多酿酒厂，今天的波本威士忌大部分都是肯塔基州生产的。在橡木桶中保存不少于4年才能算合格，有些时间更长。

占边威士忌可能是波本威士忌中最驰名的品牌了。著名的吉姆家族制造波本威士忌至今已有200年历史，早在1795年，雅各布首先开始使用其名生产和销售威士忌。之后他的子孙决定继承这项事业，然而这项工作并不是一件容易的事情，当吉姆接受家族工作时，酒厂却因禁酒令不得不关门。这段黑暗的日子结束时，吉姆已经70高龄了，他完全可以放弃这项事业在肯塔基过平静的生活。然而吉姆却决定从零开始经营酒厂，并建立了The Janes B. Beam Distilling Company。工厂的建立真是一项胆大的冒险的决定，然而他获得了成功，成了世界顶级的美国威士忌。如今，工厂每天都需要进600个酒桶来储存酒。而且有17000个货箱等待发往世界各地。

3. 爱尔兰威士忌（Irish Whisky）

爱尔兰可以说是威士忌的发源地，最早是从修道院流传到民间的蒸馏术，在英王亨利八世宣布开始课征重税之前，曾一度是爱尔兰每个山野乡林必备的民生工业。爱尔兰威士忌是一种只在爱尔兰地区生产，以大麦芽与谷物为原料经过蒸馏所制造的威士忌。爱尔兰威士忌用小麦、大麦、黑麦等的麦芽做原料，经过三次蒸馏，然后入桶陈酿，一般需8～15年，装瓶时还要混合掺水稀释。因原料不用泥炭熏焙，所以没有焦香味，口感比较绵柔，适合制作混合酒与其他饮料共饮。蒸馏酒液一般高达86度，用蒸馏水稀释后陈酿，装瓶时酒精度为40度左右，由于口味醇和适中，一般用作鸡尾酒的基酒。

在制作材料上爱尔兰威士忌与它相邻的苏格兰威士忌差异并不大，一样是用发芽的大麦为原料，使用壶式蒸馏器三次蒸馏，并且依法在橡木桶中陈年三年以上的麦芽威士忌，再加上由未发芽大麦、小麦与裸麦，经连续蒸馏所制造出的谷物威士忌，进一步调和而成。然而爱尔兰式的做法与苏格兰式有两个比较关键的差异，一是爱尔兰威士忌也使用燕麦作为原料，二是爱尔兰威士忌在制造过程中几乎不会使用泥炭作为烘烤麦芽时的燃料。

除了产量较大的“调和式爱尔兰威士忌”外，也有少量独立装瓶出售的“爱尔兰单一麦芽威士忌”存在。大部分的爱尔兰威士忌都有其在苏格兰威士忌里面的对等产品，唯一的例外是一种叫“纯壶式蒸馏威士忌”（Pure Pot Still Whiskey）的酒。这种威士忌同时使用已发芽与未发芽的大麦作为原料，100%在壶式蒸馏器里面制造，相对于苏格兰的纯麦芽威士忌，使用未发芽的大麦做原料使爱尔兰威士忌具有较为青涩、辛辣的口感。

常见的爱尔兰威士忌品牌有：约翰·波尔斯父子（John Power and sons）、老宝狮（Old Bush Mills）、约翰·詹姆斯父子（John Jameson and Son）、帕蒂（Paddy）、特拉莫尔露（Tullamore Dew）等。

4. 加拿大威士忌

加拿大威士忌是酒质清淡而甜美的混合威士忌，其主要原料为玉米、黑麦、大麦，再掺入其他一些谷物原料，但没有一种谷物超过50%。加拿大威士忌必须在加拿大本土生产，其制造方法与其他威士忌有所不同，当酒液蒸馏出来后，需马上进行混合，之后再贮存陈酿。市场上所销售的威士忌一般要求陈酿6年，若少于4年必须在商标上说明。加拿大威士忌出售前还兑和其他加味威士忌，装瓶时酒精度为45度。由于加拿大的气候寒冷，生产出的谷类质地特别，加上其水质较好，发酵技术特别，因此酿出的酒类也别具一格。加拿大威士忌的特点为酒色棕黄，酒香芬芳，口感轻快爽适，酒体丰满，以淡雅的风格著

称，不少北美人士都喜爱这种酒。

几乎所有的加拿大威士忌都属于调和式威士忌，以连续式蒸馏制造出来的谷物威士忌作为主体，再以壶式蒸馏器制造出来的裸麦威士忌（Rye Whiskey）增添其风味与颜色。由于连续式蒸馏的威士忌酒通常都比较清淡，甚至很接近伏特加之类的白色烈酒，因此加拿大威士忌常号称是“全世界最清淡的威士忌”。它主要由黑麦、玉米和大麦混合酿制，采用二次蒸馏，在木桶中贮存4年、6年、7年、10年不等。

加拿大威士忌在蒸馏完成后，需要装入全新的美国白橡木桶或二手的波本橡木桶中陈酿超过3年始得贩售。有时酒厂会在将酒进行调和后放回橡木桶中继续陈年，或甚至直接在新酒还未陈年之前就先调和。在今天，加拿大威士忌之所以还能持续受到欢迎，绝非只是依赖历史因素。使用连续式蒸馏相对比较稳定的产品纯度，清淡温和的口感，是加拿大威士忌比较常被推崇的特色。除此之外，加拿大威士忌是最适宜被用来调酒的威士忌，拥有非常丰富的调酒酒谱。

加拿大威士忌比较著名的品牌有：加拿大俱乐部（Canadian Club），西格兰姆斯（Seagram’s），米·盖伊尼斯（Mc Guinness），辛雷（Schenley），维瑟斯（Wiser’s），加拿大之家（Canadian Masterpiece）。

四、金酒（Genever）

金酒是将杜松子（Juniper Berry）浸于食用酒精，再蒸馏成含杜松子成分的酒。由于其价格便宜且饮后有振奋精神、健胃、利尿、解热的功效，故深受饮者的青睐，很快便作为专门的饮品传播开来。它的发明者西尔维斯（Sylvius）给它取名为“Genievre”，荷兰人称之为“Gereva”，英国人称之为“Hollands”或“Gin”，法国人称之为“Gereriere”，德国人称之为“Wacholder”，比利时人称之为“Jenevers”……我国也有不同的翻译方法，如琴酒、毡酒、杜松子酒等。金酒，最先由荷兰生产，在英国大量生产后闻名于世，是世界第一大类的烈酒。

金酒以大麦、黑麦、玉米及麦芽为原料制取食用酒精，再与香料一起蒸馏，一般不经橡木桶贮存陈酿。成品金酒无色透明，酒精度在35~50度，酒精度越高，其质量就越好。

在酒吧，每份金酒的标准用量为25ml。金酒用于餐前或餐后饮用，饮用时需稍加冰镇。可以净饮（以荷式金酒最为常见），将酒放入冰箱、冰桶或使用冰块降温，净饮时，常用利口杯或古典杯。金酒也是常用的基酒，可以兑水或碳酸饮料饮用（以伦敦干金酒最常见）。

1. 按照生产方式划分

金酒的怡人香气主要来自杜松子，其生产方式有以下三种：

（1）浸蒸法：将香料加入食用酒精中浸泡后进行蒸馏。

（2）串蒸法：将香料置于装有食用酒精的蒸馏锅上面的“香味器”内进行蒸馏，使酒气将香料成分带入酒中。

（3）共酵法：将杜松子粉碎后与谷物原料一起投料、糖化、发酵、蒸馏。

金酒生产所使用的香料除杜松子外，还有芫荽、菖蒲根、小豆蔻、当归、香菜子、茴香、甘草、橘皮、桂皮、柠檬皮、八角茴香、枯茗、苦杏仁、橙皮、白芷等，各厂均有秘而不宣的具体配方。

2. 按照口味风格划分

金酒按口味风格又可分为辣味金酒、老汤姆金酒和果味金酒。

（1）辣味金酒（干金酒），质地较淡、清凉爽口，略带辣味，酒精度在 80 ~ 94proof。

（2）老汤姆金酒（加甜金酒），老汤姆金酒是在辣味金酒中加入 2% 的糖分，使其带有怡人的甜辣味。

（3）荷兰金酒，荷兰金酒除了具有浓烈的杜松子气味外，还具有麦芽的芬芳，酒精度通常在 100 ~ 110proof。

（4）果味金酒（芳香金酒），是在干金酒中加入了成熟的水果和香料，如柑橘金酒、柠檬金酒、姜汁金酒等。

3. 按照产区划分

金酒按产区划分，比较著名的有荷式金酒、英式金酒和美式金酒。

（1）荷式金酒。荷式金酒产于荷兰，被称为杜松子酒（Geneva），主要的产区集中在斯希丹（Schiedam）一带，是荷兰人的国酒。荷兰金酒与伦敦干金相比，具有更为完美和成熟的香味，酒精含量也较低。

荷式金酒是以大麦芽与裸麦等为主要原料，配以杜松子酶为调香材料，经发酵后蒸馏三次获得谷物原酒，然后加入杜松子香料再蒸馏，最后将精馏而得的酒，贮存于玻璃槽中待其成熟，包装时再稀释装瓶。荷式金酒色泽透明清亮，酒香味突出，香料味浓重，辣中带甜，风格独特。无论是纯饮或加冰都很爽口，酒精度为 52 度左右。因香味过重，荷式金酒只适于纯饮，不宜作为混合酒的基酒，否则会破坏配料的平衡香味。

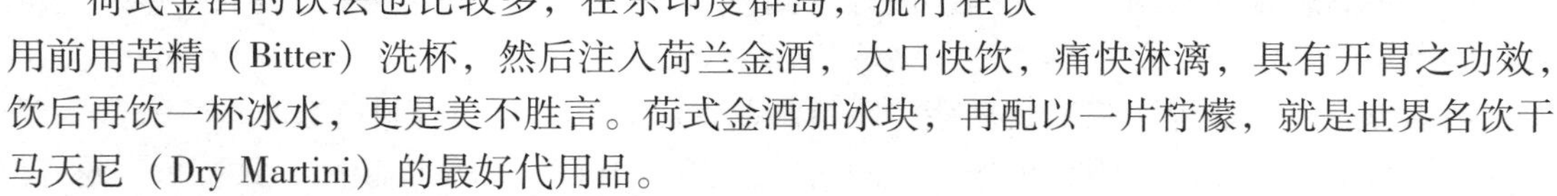

荷式金酒的饮法也比较多，在东印度群岛，流行在饮用前用苦精（Bitter）洗杯，然后注入荷兰金酒，大口快饮，痛快淋漓，具有开胃之功效，饮后再饮一杯冰水，更是美不胜言。荷式金酒加冰块，再配以一片柠檬，就是世界名饮干马天尼（Dry Martini）的最好代用品。

荷式金酒在装瓶前不可贮存过久，以免杜松子氧化而使味道变苦，而装瓶后则可以长时间保存而不降低质量，荷式金酒常装在长形陶瓷瓶中出售。新酒叫 Jonge，陈酒叫 Oulde，老陈酒叫 Zeetoulde。比较著名的品牌有：亨克斯（Henkes）、波尔斯（Bols）、波克马（Bokma）、邦斯马（Bomsma）、哈瑟坎坡（Hasekamp）。

（2）英式金酒。英式金酒又称伦敦金酒，伦敦金酒是目前世界上最主要、最流行的金酒品种，口感大都为干型，甜度由高到低又可分为干型金酒（Dry Gin）、特干金酒（Extra Dry Gin）、极干金酒（Very Dry Gin）等，与荷兰金酒的口感有非常大的差别。伦敦金酒大都采用谷物、甘蔗或糖蜜为原料，以酿造、蒸馏所得到的酒液作为基酒，加入各种植物药材，其中以杜松子为主，包括胡荽、橙皮、香鸢尾根、黑醋栗树皮等，经过二次蒸馏而成。在蒸馏的过程中，先将谷物及大麦芽发酵，之后在连续式蒸馏锅中蒸馏得到的酒精含量为90% ~95%的蒸馏液中加水，使酒精含量降至60%后，加入杜松子及其他植物药材，再返回蒸馏器中蒸馏，最终的酒精含量为37% ~47.5%。

英式金酒的生产过程较荷式金酒简单，它用食用酒糟和杜松子及其他香料共同蒸馏而得干金酒。由于干金酒酒液无色透明，气味奇异清香，口感醇美爽适，既可单饮，又可与其他酒混合配制或作为鸡尾酒的基酒，所以深受世人的喜爱。英式金酒又称伦敦干金酒，属淡体金酒，意思是它不甜，不带原体味，口味与其他酒相比，比较淡雅。英国金酒既可单饮，也可冰镇，或者与其他酒混合配制，适于调制鸡尾酒，有“干金酒为鸡尾酒的心脏”之说，世界上用它调制的鸡尾酒有数百种。

英式干金酒的商标有：Dry Gin、Extra Dry Gin、Very Dry Gin、London Dry Gin 和 English Dry Gin，这些都是英国上议院给金酒一定地位的标志。著名的品牌有：英国卫兵（Beefeater）、哥顿（Gordon's）、吉利蓓（Gilbey's）、仙蕾（Schenley）、坦求来（Tangueray）、伊丽莎白女王（Queen Elizabeth）、老女士（Old Lady's）、老汤姆（Old Tom）、上议院（House of Lords）、格利挪尔斯（Greenall's）、博德尔斯（Boodles）、博士（Booth's）、伯内茨（Burnett's）、普利莫斯（Plymouth）、沃克斯（Walker's）、怀瑟斯（Wiser's）、西格兰姆斯（seagram's）等。

（3）美式金酒。美国金酒为淡金黄色，因为与其他金酒相比，它要在橡木桶中陈年一段时间。美国金酒主要有蒸馏金酒（Distiled gin）和混合金酒（Mixed gin）两大类。通常情况下，美国的蒸馏金酒在瓶底部有“D”字，这是美国蒸馏金酒的特殊标志。混合金酒是用食用酒精和杜松子简单混合而成的，很少用于单饮，多用于调制鸡尾酒。

（4）其他金酒。金酒的主要产地除荷兰、英国、美国以外还有德国、法国、比利时等国家。比较常见和有名的金酒有：辛肯哈根·德国（Schinkenhager）、布鲁克人·比利时（Bruggman）、西利西特·德国（Schlichte）、菲利埃斯·比利时（Filliers）、多享卡特·德国（Doornkaat）、弗兰斯·比利时（Fryns）、克丽森·法国（Claessens）、海特·比利时（Herte）、罗斯·法国（Loos）、康坡·比利时（Kampe）、拉弗斯卡德·法国（Lafoscade）、万达姆·比利时（Vanpamme）。

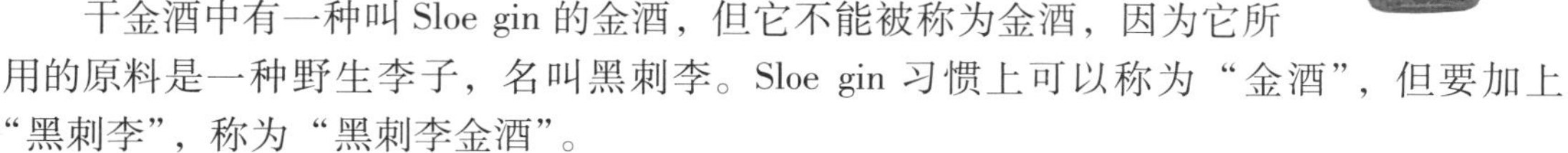

干金酒中有一种叫 Sloe gin 的金酒，但它不能被称为金酒，因为它所用的原料是一种野生李子，名叫黑刺李。Sloe gin 习惯上可以称为“金酒”，但要加上“黑刺李”，称为“黑刺李金酒”。

五、伏特加（Vodka）

伏特加是俄罗斯和波兰的国酒，是北欧寒冷国家十分流行的烈性饮料。伏特加一词源于俄语的 Vodka，意思是“水”，也有“可爱之水”的含义。伏特加的起源究竟是俄罗斯还是波兰，至今仍颇有争议。但有一点可以肯定，伏特加同属于这两个国家，深受两国人民的喜爱。据说12世纪左右，俄罗斯农民已开始酿造此酒，当时是以蜂蜜、小麦、黑麦、大麦作为原料，到18世纪以后就开始使用土豆和玉米做原料了，一般而论，以麦类为主制成的伏特加品质好过以土豆为原料制成的伏特加。

（一）伏特加的成分

虽然大部分伏特加都是采用谷物（特别是大麦、小麦和黑麦）酿造而成，但是实际上，伏特加在酿造原料上并没有任何特殊的要求，所有能够进行发酵的原料都可以用来酿造伏特加，当然包括葡萄和马铃薯。传统伏特加的酿造方法以马铃薯、玉米、大麦或黑麦为原料，通过蒸煮的方法，先将原料中的淀粉进行糖化，再采用蒸馏法蒸馏出酒精含量高达96%的酒液，完成后使用木炭进行过滤，吸附酒液中的杂质，装瓶前再用蒸馏水进行稀释，最终的酒精含量为40%～50%。伏特加不需陈酿即可出售、饮用。当然有些加香伏特加需要经过最后一道加香工序，赋予其特殊风味后才装瓶销售。

（二）伏特加的酿造方法

伏特加的传统酿造法是首先以马铃薯或玉米、大麦、黑麦为原料，用精馏法蒸馏出酒精度高达96%的酒精液，再使酒精液流经盛有大量木炭的容器，以吸附酒液中的杂质（每10升蒸馏液用1.5千克木炭连续过滤不得少于8小时，40小时后至少要换掉10%的木炭），最后用蒸馏水稀释至酒精度为40%～50%，除去酒精中所含毒素和其他异物制成一种纯净的高酒精浓度的饮料。伏特加酒不用陈酿即可出售、饮用，也有少量的如香型伏特加在稀释后还要经串香程序，使其具有芳香味道。

伏特加与金酒一样都是以谷物为原料的高酒精度的烈性饮料，并且不需贮陈。但与金酒相比，伏特加甘洌、无刺激味，而金酒有浓烈的杜松子味道。伏特加无色无杂味，没有明显的特性，但很提神。伏特加酒除了与软饮料混合使之变得甘洌，与烈性酒混合使之变得更烈之外，别无他用。但由于酒中所含杂质极少，口感纯净，形成伏特加酒独具一格的特色，因此，在各种调制鸡尾酒的基酒之中，伏特加酒是最具有灵活性、适应性和变通性的一种酒，可以以任何浓度与其他饮料混合饮用，所以经常用作鸡尾酒的基酒，酒精度一般在40～50度。

（三）伏特加的饮用

（1）杯具：利口杯（净饮）、古典杯（加冰饮用）。

（2）用量：40毫升/人，可作为佐餐酒或餐后酒。

（3）饮用方法：

第一步：选择3种或4种高品质的伏特加酒。把它们放进冰箱里进行冷藏，使它们更有黏性，以获得更加纯净的口感。

第二步：把伏特加冰过后，倒入一个酒杯中，每个杯子里倒1～2盎司。

第三步：举起第一杯放在鼻子下一英寸的地方，轻轻地闻闻它的芳香，这叫作“嗅”香味，可以闻到里面有很多种伏特加的特色香气，例如水果的、谷物的或香料的。高品质的伏特加的芳香是很柔和的，而且口感微妙。

第四步：浅抿一口，感受它的质感，有品质的伏特加是平滑而不灼口的感觉。

第五步：把酒全部都咽下去体会它特有的感觉。高品质的伏特加会有一定的品质特色，这种品质与它蒸馏和过滤过程中所用的原料和口感不一样。

（四）伏特加的类别

1. 俄罗斯伏特加

伏特加酒是俄罗斯的传统酒精饮料，俄罗斯伏特加最初用蜂蜜、小麦、黑麦、大麦为

原料，以后逐渐改用含淀粉的马铃薯和玉米，制造酒醪和蒸馏原酒并无特殊之处，唯一具有特色的是过滤时将精馏而得的原酒，通过白桦木活性炭进行缓慢而彻底的过滤，使精馏液与活性炭分子充分接触而净化，将所有原酒中所含的油类、酸类、醛类、酯类及其他微量元素除去，得到非常纯净的伏特加，除酒香外几乎没有其他任何的香味，口感浓烈，如烈焰般狂炙。

俄罗斯伏特加无色、无味、无臭、纯度高，入口不酸、不甜、不苦、不涩，酒液透明，除酒香外，几乎没有其他香味，口味凶烈，劲大冲鼻，火一般的刺激。俄罗斯伏特加名品有：波士伏特加（Bolskaya）、斯托波娃伏特加（Stolbovaya）、苏联红牌（Stolichnaya）、苏联绿牌（Mosrovskaya）、柠檬那亚（Limonnaya）；斯大卡（Starka）、朱波罗夫卡（Zubrovka）、俄国卡亚（Kusskaya）、哥丽尔卡（Gorilka）。

2. 波兰伏特加

波兰最早关于伏特加制造的文字记录见于15世纪初，不过波兰历史学家坚称该国的伏特加历史远比这要长得多。最初波兰人将伏特加用作外科医疗，到了16世纪中叶，才成为被广泛饮用的酒精类饮料。波兰的伏特加至今保持着传统的生产工艺和极高的品质，其产品销往世界上许多国家和地区，享有极高的声誉。

波兰伏特加的酿造工艺与俄罗斯相似，区别只是波兰人在酿造过程中，加入香料，如香草、花卉、植物果实等调香原料，所以波兰伏特加比俄罗斯伏特加酒体丰富，更富韵味，名品有：蓝牛（Blue Rison）、维波罗瓦红牌38（Wyborowa）、维波罗瓦蓝牌45（Wyborowa）、朱波罗卡（Zubrowka）。

3. 瑞典伏特加

早在15世纪，瑞典的伏特加酿造业就已非常发达。瑞典的伏特加不经过提纯工艺，纯净的水和营养丰富的瑞典小麦造就了其伏特加优良的品质。

绝对伏特加（Absolute Vodka）是世界知名的伏特加酒品牌，创立于1879年，属于瑞典酒业的垄断巨头Vin&Sprit集团。Absolute的中文意译为“绝对”，如今，“绝对伏特加”已经成为高品质伏特加酒的代名词。绝对伏特加的口味有原味、辣椒味、柠檬味、黑醋栗味、柑橘味、香草味、覆盆子味、桃味、柚子味、梨味等。

4. 其他地区

俄罗斯是生产伏特加酒的主要国家，但在德国、芬兰、波兰、美国、日本等国也都能酿制优质的伏特加酒。特别是在第二次世界大战开始时，由于俄罗斯制造伏特加酒的技术传到了美国，使美国也一跃成为生产伏特加酒的大国之一。

除俄罗斯、波兰与瑞典外，其他较著名的生产伏特加的国家和地区还有：英国哥萨克

(Cossack)、夫拉地法特 (Viadivat)、皇室伏特加 (Imperial)、西尔弗拉多 (Silverad), 美国宝狮伏特加 (Smirnoff)、沙莫瓦 (samovar)、菲士曼伏特加 (Fielshmann's Royal)、芬兰地亚 (Finlandia), 法国卡林斯卡亚 (Karinskaya)、弗劳斯卡亚 (Voloskaya), 加拿大西豪维特 (Silhowltte) 等地。

六、朗姆酒 (Rum)

朗姆酒原产于西印度群岛，朗姆酒之名即源自西印度群岛原住民 Rumbullion 语首 Rum，为兴奋或骚动之意。朗姆酒也叫糖酒，是制糖业的一种副产品，朗姆酒是以甘蔗汁、甘蔗糖浆或制糖过程中剩下的残渣作为原料，经过发酵再加以蒸馏所得的一种蒸馏酒，在橡木桶中储存 3 年以上而成。凡是产甘蔗的地方都可酿制朗姆酒。

朗姆酒的生产过程大致如下：先将压榨出的甘蔗汁熬煮浓缩成糖浆，将其放入离心机，使糖结晶，分离出糖结晶，再利用制糖所产生的糖蜜加入剩余物，经发酵（注水后用天然酵母发酵 1～4 天)、蒸馏（蒸馏至酒精含量为 80%～90%)、陈酿（放在橡木桶中陈酿 1～4 年)、过滤、着色（加糖上色)、勾兑、稀释（装瓶前加蒸馏水稀释至 40～50 度)、装瓶而成。根据不同的原料和酿制方法，朗姆酒可分为：朗姆白酒、朗姆老酒、淡朗姆酒、朗姆常酒、强香朗姆酒等，含酒精 38%～50%，酒液有琥珀色、棕色，也有无色的。

朗姆酒是世界上消费量最大的几种酒品之一，其生产地主要有：牙买加、圭亚那、马提尼克、特立尼达和多巴哥、巴西、古巴、委内瑞拉、澳大利亚、波多黎各、墨西哥、玻利维亚等，近年来我国也有生产。朗姆酒是古巴人的一种传统饮料，古巴朗姆酒是由酿酒大师把由作为原料的甘蔗蜜糖制得的甘蔗烧酒装进白色的橡木桶，之后经过多年的精心酿制，使其产生一股独特的、无与伦比的口味，从而成为古巴人喜欢喝的一种饮料，并且在国际市场上受到了广泛的欢迎。朗姆酒较为流行的品牌有：波多黎各的百加地 (Bacardi)、牙买加的美雅 (Myers's)、摩根船长 (Captain Morgan) 等。

（一）朗姆酒分类

1. 根据风味特征划分

（1）浓香型朗姆酒 (Heavy Rum)。浓香型朗姆酒在生产过程中，先让糖蜜放 2～3 天发酵，加入上次蒸馏留下残渣或甘蔗渣，使其发酵，甚至要加入其他香料汁液，放在单式蒸馏器中，蒸馏出来后，酿成的酒在蒸馏器中进行二次蒸馏，生成无色的透明液体，注入内侧烤过的橡木桶中熟化3 年以上。若标签上出现"Vieux"的字样，表示"陈年"，它要求该朗姆酒必须在橡木桶中陈酿至少 3 年。浓烈朗姆酒呈金黄色，酒香和糖蜜香浓郁，味辛而醇厚，酒精含量 45～50 度，以牙买加生产的浓香型朗姆酒为代表。

（2）中型朗姆酒 (Medium Rum)。中型朗姆酒在生产过程中，加水在糖蜜上使其发酵，然后仅取出浮在上面澄清的汁液蒸馏、陈化，在出售前用清香型朗姆酒或浓烈型朗姆酒兑和至合适程度。

（3）清香型朗姆酒 (Light Rum)。清香型朗姆酒是用甘蔗糖蜜、甘蔗汁加酵母进行发酵后蒸馏，在木桶中储存多年，再勾兑配制而成。酒精液呈浅黄到金黄色，酒精度在

45~50 度。清香型朗姆酒主要产自波多黎各和古巴，它们有很多类型并具有代表性，以古巴朗姆酒为代表。

2. 按照颜色划分

（1）银朗姆（Silver Rum）。银朗姆又称白朗姆，是指蒸馏后的酒须经活性炭过滤后入桶陈酿一年以上。酒味较干，香味不浓。

（2）金朗姆（Gold Rum）。金朗姆又称琥珀朗姆，是指蒸馏后的酒须存入内侧灼焦的旧橡木桶中至少陈酿三年。酒色较深，酒味略甜，香味较浓。

（3）黑朗姆（Dark Rum）。黑朗姆又称红朗姆，是指在生产过程中须加入一定的香料汁液或焦糖调色剂的朗姆酒。酒色较浓（深褐色或棕红色），酒味芳醇。

（二）朗姆酒的品质

1. 酒体轻盈，酒味极干的朗姆酒

这类朗姆酒主要由西印度群岛属西班牙语系的国家生产，如古巴、波多黎各、维尔京群岛（Virgin Islangs）、多米尼加、墨西哥、委内瑞拉等，其中以古巴朗姆酒最负盛名。

2. 酒体丰厚、酒味浓烈的朗姆酒

这类朗姆酒多为古巴、牙买加和马提尼克的产品。酒在木桶中陈酿的时间长达 5~7 年，甚至 15 年，有的要在酒液中加焦糖调色剂（如古巴朗姆酒），因此其色泽金黄、深红。

3. 酒体轻盈，酒味芳香的朗姆酒

这类朗姆酒主要是古巴、爪哇群岛的产品，其持久香气是由芳香类药材所致。芳香朗姆酒一般要贮存 10 年左右。较著名的是慕兰潭（Mulata）朗姆酒。

七、龙舌兰（Tequila）

龙舌兰酒又称“特基拉酒”，因产于墨西哥特吉拉小镇而得名，是以龙舌兰为原料制作而成的烈性酒，是墨西哥的特产，被称为墨西哥的灵魂。

龙舌兰是一种仙人掌科的植物，通常要生长 12 年，成熟后割下送至酒厂，再被割成两半后泡洗 24 小时。然后榨出汁来，汁水加糖送入发酵柜中发酵两天至两天半，然后经两次蒸馏，酒精纯度达 104~106proof。然后放入橡木桶陈酿，陈酿时间不同，颜色和口味差异很大，白色者未经陈酿，银白色贮存期最多 3 年，金黄色酒贮存至少 2~4 年，特级龙舌兰需要更长的贮存期，装瓶时酒精度要稀释至 40~50 度。墨西哥土著很早就用龙舌兰酿造低度数且易变质的酒，蒸馏技术从西班牙传入后，早期的西班牙人酿造的龙舌兰烈性酒是 Mezcal，后来酿造厂为了追求上等的龙舌兰原料而前往了特吉拉镇，此后特吉拉镇成了龙舌兰酒的主要产地。Mezcal 和 Tequila 的区别类似于白兰地与干邑的区别，墨西哥法律规定只有在正式批准的地区，达到严格质量标准的龙舌兰酒才能叫 Tequila，一般的以龙舌兰为原料的酒只能称作 Mezcal。

龙舌兰酒酒香突出，香气独特，口味凶烈，酒精度一般为 52~53 度，是墨西哥人最酷爱的酒品之一，常用于净饮，饮用方法独特，但由于太过猛烈，一般人难以忍受。净饮的方法有两种：一种是先将头后仰，挤半个柠檬汁到嘴里，随后再拿一小撮盐放入嘴中，最后将龙舌兰酒一饮而尽；另一种是放些盐在手背上，舌头舔一口盐然后再喝龙舌兰酒，再吃一片柠檬。但无论选用哪种方法结果都会很烈。此外，人们还喜欢用 Tequila 调制各种鸡尾酒。龙舌兰酒的著名品牌有 Cuervo（乌鸦）、Sauza（索查）、Toro（斗牛）等。

（一）龙舌兰酒分类

通常我们提到龙舌兰酒时，可能意指的是下列几种酒之中的一种，但如果没有特别说明，最有可能的还是指为人广知的 Tequila，其他几款酒则大都是墨西哥当地人才较为熟悉的。

Pulque——这是一种用龙舌兰草的芯为原料，经过发酵而制造出的发酵酒类，最早由古代的印第安文明发明，在宗教上有不小的用途，也是所有龙舌兰酒的基础原型。由于没有经过蒸馏处理酒精度不高，在墨西哥许多地区仍然有酿造。

Mezcal——Mezcal 可说是所有以龙舌兰草芯为原料，所制造出的蒸馏酒的总称，简单说来 Tequila 可说是 Mezcal 的一种，但并不是所有的 Mezcal 都能称作 Tequila。开始时，无论是制造地点还是原料或做法上，Mezcal 都较 Tequila 的范围来得广泛，规定不严谨，但 Mezcal 也渐渐有了较为确定的产品规范以便能争取到较高的认同地位，与 Tequila 分庭抗礼。

Tequila——Tequila 是龙舌兰酒一族的顶峰，只有在某些特定地区、使用一种称为蓝色龙舌兰草（Blue Agave）的植物作为原料所制造的此类产品，才有资格冠上 Tequila 之名。

还有一些其他种类，同样也是使用龙舌兰为原料所制造的酒类，例如齐瓦瓦州（Chihuahua）生产的 Sotol 就是。这类酒通常都是区域性产品，不是很出名。

（二）产品标识

每一瓶真正经过认证而售出的 Tequila，都应该有一张明确标示着相关资讯的标签，这张标签通常不只是简单地说明产品的品牌而已，事实上在里面蕴藏着许多重要的资讯。

1. 级别

分为 Blanco、Joven abocado、Reposado 与 Añ、ejo 几个产品等级，这些等级的标示必须符合政府的相关法规而非依照厂商想法随意标示。不过，有些酒厂为了更进一步说明自家产品与他厂的不同，会在这些基本的分级上做些变化，但这些都已不是法律规范的范围了。

2. 纯度标示

唯有标示“100% Agave”（或是更精确的，100% Blue Agave 或 100% Agave Azul）的 Tequila，我们才能确定这瓶酒里面的每一滴液体，都是来自天然的龙舌兰草，没有其他的糖分来源或添加物（稀释用的纯水除外）。如果一瓶酒上并没有做此标示，我们最好要假设这瓶酒是一瓶 Mixto。

3. 蒸馏厂注册号码

蒸馏厂注册号码，即墨西哥官方标准（Normas Oficial Mexicana，NOM），是每一家经过合法注册的墨西哥龙舌兰酒厂都会拥有的代码。目前墨西哥约有 70 家左右的蒸馏厂，制造出超过 500 种的品牌销售国内外，NOM 码等于是这些酒的“出生证明”，从上面可以看出实际上制造这瓶酒的制作者是谁（但并不见得看得出是哪家工厂制造的，因为酒厂只需以母公司的名义注册就可取得 NOM）。因为，并不是每一个品牌的产品，都是贩售者自行生产的，有些著名品牌例如 Porfidio 或较早时期的 Patron，本身甚至没有自己的蒸馏厂。

Hecho en Mexico，西班牙文“墨西哥制造”的意思。墨西哥政府规定，所有该国生产的龙舌兰酒都必须标示上这排文字，没有这样标示的产品，则可能是一款不在该国境内制造包装、不受该国规范保障与限制的产品。墨西哥其实不是世界上唯一生产过 Tequila 酒的国家，在某些拥有类似水土与气候环境的地方，也曾有人尝试过生产类似 Tequila 的酒类，甚至曾有人在南非以移植栽种的蓝色龙舌兰草制造号称品质不逊于墨西哥龙舌兰酒的同类产品。

不过，在经过国际上的协议后，目前包括欧盟在内的世界主要国际商业组织几乎都已认定，Tequila 是个受国际公约保护、只准在墨西哥生产的产品。自此之后，纵使有其他国家生产、使用相同原料与制造方式制造出的酒，也不可以在国际上用 Tequila 的名义销售。

4. CRT 标章

此标章的出现代表这瓶产品是受龙舌兰酒规范委员会（Consejo Regulador del Tequila，CRT）的监督与认证，然而，它只保证了产品符合法规要求的制造程序，并不确保产品的风味与品质表现。

5. Hacienda

Hacienda 是西班牙文类似庄园的一种单位，这个字经常会出现在制造龙舌兰酒的酒厂地址里。因为，许多墨西哥最早的商业酒厂，当初都是墨西哥的富人们在自己拥有的庄园里面创立的，这习俗一直流传到今日。

6. 识别生产厂商

从龙舌兰酒标签上的 NOM 编号，我们可以看出该产品实际上的制造厂商是谁，有些酒厂会同时替多家品牌生产龙舌兰酒，甚至有可能是由互相竞争的品牌分别销售。当然，既然有一厂多牌的现象，一个品牌底下有多个 NOM 编号也是可能的。

任务 3　认知配制酒

配制酒是以烈性酒、葡萄酒或食用酒精为基本原料，加以可食用的花卉、果实、动植物及药材或其他制品，或以食品添加剂为呈香、呈色及呈味物质进行调配，再加工而制成的、已改变了原酒基风格的酒。配制酒主要有两种配制工艺，一种是在酒和酒之间进行勾兑配制，另一种是用酒与非酒精物质（包括液体、固体和气体）进行勾调配制。

外国配制酒与中国配制酒一样，起源于药用的目的。配制酒味道香醇，多彩多样，并且具有一定的药用和保健功能，是佐餐的良好饮品，也是调制鸡尾酒不可缺少的酒品，还是世界上最大的酒精饮料之一，比较著名的酒品多集中在欧洲主要产酒国，产品行销世界各地，并成为世界配制酒市场的主导产品，其中法国、意大利、匈牙利、希腊、瑞士、英国、德国、荷兰等国的产品最为有名。配制酒的品种繁多，风格各有不同，划分类别比较困难，较流行的分类法是将配制酒分为三大类：开胃酒（Aperitif）、利口酒（Liqueur）和中国的配制酒。

一、开胃酒

开胃酒又称餐前酒，在餐前喝了能够刺激人的胃口、增进食欲。开胃酒主要是以葡萄酒或蒸馏酒为原料加入植物的根、茎、叶、药材、香料等配制而成的。适合于开胃酒的酒类品种很多，威士忌、伏特加、金酒、香槟酒，某些葡萄原汁酒和果酒等，都是比较好的开胃酒精饮料。随着饮酒习惯的演变，开胃酒逐渐被专指为以葡萄酒和某些蒸馏酒为主要原料的配制酒，如味美思（Vermouth）、比特酒（Bitter）、茴香酒（Anise）等，这些酒大多加过香料或一些植物性原料，用于增加酒的风味。现代的开胃酒大多是调配酒，用葡萄酒或烈性酒作为酒基，加入植物性原料的浸泡物或在蒸馏时加入这些原料。开胃酒主要的三种类型：

1. 味美思（Vermouth）

味美思是以葡萄酒为酒基，用芳香植物的浸液调制而成的加香葡萄酒。它因特殊的植物芳香而“味美”，因“味美”而被人们“思念”不已，真是妙极了。这种酒有悠久的历史。据说古希腊王公贵族为滋补健身，长生不老，用各种芳香植物调配开胃酒，饮后食欲大振。到了欧洲文艺复兴时期，意大利的都灵等地渐渐形成以“苦艾”为主要原料的加香葡萄酒，叫做“苦艾酒”，即味美思（Vermouth）。至今世界各国所生产的味美思都是以“苦艾”为主要原料的。所以，人们普遍认为，味美思起源于意大利，而且至今仍然是意大利生产的味美思最负盛名。

味美思的生产工艺，要比一般的红、白葡萄酒复杂。它首先要生产出干白葡萄酒作为原料。优质、高档的味美思，要选用酒体醇厚、口味浓郁的陈年干白葡萄酒才行。然后选取二十多种芳香植物，或者把这些芳香植物直接放到干白葡萄酒中浸泡，或者把这些芳香植物的浸液调配到干白葡萄酒中去，再经过多次过滤和热处理、冷处理，经过半年左右的贮存，才能生产出质量优良的味美思。味美思的制造者对自己的配方是保密的，但大体上有这几种，如蒿属植物、金鸡纳树皮、苦艾、杜松子、木炭精、鸢尾草、小茴香、豆蔻、龙胆、牛至、安息香、可可豆、生姜、芦荟、桂皮、白芷、春白菊、丁香等。最好的产品是法国和意大利出产的味美思。几乎所有酒吧用的味美思都是这两个国家出产的。味美思分特干（extra dry）、干（dry）、甜（sweet）几种，主要是由酒中含糖分的多少来区分。从颜色上分又有白（bianco）和红（rosso）两种。通常干是指含糖分极少或不含糖分，甜是指含糖较多。

目前世界上味美思有意大利型、法国型和中国型三种类型。意大利型的味美思以苦艾为主要调香原料，具有苦艾的特有芳香，香气强，稍带苦味，法国型的味美思苦味突出，更具有刺激性，中国型的味美思是在国际流行的调香原料以外，又配入我国特有的名贵中药，工艺精细，色、香、味完整。味美思的饮用方法在我国不拘于形式，在国外习惯上要加冰块或杜松子酒。

2. 比特酒（Bitter）

比特酒从古药酒演变而来，具有滋补的效用。比特酒种类繁多，有清香型，也有浓香型；有淡色，也有深色；有酒也有精（不含酒精成分）。但不管是哪种比特酒，苦味和药味是它们的共同特征。用于配制比特酒的调料主要是带苦味的草卉和植物的茎根与表皮。如阿尔卑斯草、龙胆皮、苦橘皮、柠檬皮等。较有名气的比特酒主要产自意大利、法国、特立尼达和多巴哥、荷兰、英国、德国、美国、匈牙利等国。

最开始，这种酒是法国专门给军队喝的，因为有治疗的作用，后来军队回国后，把这酒也带回国了。大概 19 世纪中叶，一些有钱的资本家开始喝这种酒。在西方，一般苦艾酒是被当作餐前酒、开胃酒来喝的。餐前酒的逻辑是，需要有很多的香气，帮助人们打开味蕾。旧时候痴迷于苦艾酒的艺术家们，很多都是一喝一整天，跟抽烟一样作为嗜好品而不是仪式来享用。加水喝也是因为其作为餐前酒的关系，一般讲究纯饮的价格相对高昂，口味也相对深邃。

比特酒加水冲淡后，一杯比特酒就成为含有非常温和的茴芹味、可供您细细品尝的清爽饮料，禁不住引起您对法国南部漫长夏日时光的憧憬与回忆。应避免不掺水直接饮用，因为比特酒在冲淡调兑前味道非常浓烈且不可口。比特酒的起源地是瑞士，在法国盛行，很多法国跟瑞士的比特酒，饮用后口唇留香，其比特酒特有的淡淡清香在齿间徘徊，香气盎然、回味悠然。

3. 茴香酒（Anise）

茴香酒：是以“茴香”为基础的利口酒并且在大多数地中海国家中深受欢迎。因此，每个地区都有当地自己版本的“茴香利口酒”或者说“茴香酒”，并且成为当地人们进餐前不可或缺的一部分。茴香酒是用蒸馏酒与茴香油配制而成的，口味香浓刺激，分染色和无色，一般有明亮的光泽，酒精度约为 25 度。

茴香油中含有大量的苦艾素，45 度酒精可以溶解茴香油。茴香油一般从八角茴香和青茴香中提炼取得，八角茴香油多用于开胃酒的制作，青茴香油多用于利口酒制作。

茴香酒中以法国产品较为有名。酒液视品种而呈不同色泽，一般都有较好的光泽，茴香味浓厚，馥郁迷人，口感不同寻常，味重而有刺激性，酒精度在 25 度左右。有名的法国茴香酒有 Ricard（里卡尔）、Pastis（巴斯的士）、Pernod（彼诺）、Berger Blanc（白羊倌）等。

茴香酒的特点：虽以“茴芹”为基料的鸡尾酒不是绝大多数人的喜好选择，因为其强烈的香味将压倒性地掩盖鸡尾酒内其他成分的“香味”和“口感”。然而，伦敦人已经设法以“茴芹”为基料，调制鸡尾酒。人们常用 Pernod 牌，这种无色的、带有焦糖味的茴香酒调制诸多鸡尾酒。传统上讲，各种“茴芹”饮品与“苦味”是不可分割的。这些饮品中，主要包含“龙胆根利口酒”，同样也含有“意大利苦味剂”和其他“苦味利口酒”。这些“苦味剂”对于酒吧调酒师而言，是非常理想的，因为只需要几滴高浓度的苦味剂，诸如 Angostura，就可以提高许多鸡尾酒的口感。

现今，最受人们欢迎的“茴香酒”有 Pernod 牌茴香酒、51 茴香酒（Pastis 51）等。Pernod 牌茴香酒口味甘甜、不含苦艾酒的苦味并且酒精含量较低，就 Pernod 牌苦艾酒（Pernod Absinthe）而言，这是一款由许多伟大植物制成的酒，其中包含苦艾（Artemesia Absinthium）物质，而苦艾则是一种药用植物。传统上，由于该植物可以治愈肠内蛔虫所以获得其名。该植物不但用于驱赶跳蚤和飞蛾，还可以酿制成“苦艾利口酒”。同样，这种植物还可以在医疗领域中发挥其滋补、健胃、退热和驱虫的作用。Pernod 牌苦艾酒的酒精含量是 40% ~68%。以上说到的这些新型茴香酒，口感较为清淡、甘甜。但是在该酒内添加水的传统还是继续保留着。而 51 茴香酒（Pastis 51）的酒瓶就像一根指向“南方”的指南针指针。当人们一想起法国南部的时候，就会联想到拥有金黄色的太阳的普罗旺斯

(Provence)、阵阵幽香的薰衣草、惬意的假日、较为缓慢的生活节奏。

在普罗旺斯方言中，Pastis 的意思是“经过混合”或“调和”意思。作家 Daniel Young 先生，在他的著作 *Made in Marseille*（马赛制造）中写道：当该饮品与水混合后，“茴香酒”的名字就是根据其阴沉的酒体外观所命名的。而以上所描述的所有特性，人们都可以在一瓶 51 茴香酒中找到：色泽金黄并且是法国南部地区出产的非法定酒。该酒需要慢慢地饮用才能感受到其品位。

在法国南部喝茴香酒不讲究兑果汁什么的，那会使你失去品尝原味茴香酒的特有乐趣。特别是马赛地区，茴香酒的唯一喝法就是兑少量水将其稀释后直接饮用。那里几乎每个酒馆里的酒架上总有茴香酒的一席之地。最常见的有 5 种牌子：Pernod（潘诺）、Ricard（里卡）、卡萨尼（Casanis）、加诺（Janot）、卡尼尔（Granier）。而在法国，茴香酒有上百种，但最流行的只有 Pernod（潘诺）和 Ricard（里卡）两个牌子，如今这两个牌子已经成为法国茴香酒的代名词。所以，在咖啡馆没有人会说我要喝 Pastis，一定是说来杯 Pernod或 Ricard。

二、利口酒

利口酒（Liqueur），可以称为餐后甜酒，是含酒精的水果酒，是在蒸馏酒或葡萄酒中加入芳香原料（如树根、果皮、香料等），并经过甜化处理的酒精饮料。它色泽娇艳、气味芳香，有较好的助消化作用，主要用作餐后酒或调制鸡尾酒。餐后甜酒的酒精度一般在 17%~55%（v/v）。分为高度和中度，颜色娇美，气味芬芳独特，酒味甜蜜。因含糖量高，相对密度较大，色彩鲜艳，常用来增加鸡尾酒的颜色和香味，突出其个性，是制作彩虹酒不可缺少的材料。还可以用来烹调、烘烤，制作冰淇淋、布丁和甜点。

利口酒从其本身的产品特征来看与我国现在的酒类行业划分的配制酒中的果露酒极为相近。由于西方人追求浪漫的生活情调而使利口酒在外观上呈现出包括红、黄、蓝、绿在内的纯正鲜艳的或复合的色彩，可谓色彩斑斓。现如今，没有什么能抵得上利口酒在香气、色彩和口感上的丰盛。甚至有人这样说，假如没有利口酒，世界上将有 1/3 的鸡尾酒不复存在。丰富的气味与浓郁的口感，利口酒虽然不及葡萄酒那么风靡，但却永远有那么一些人喜欢在餐后喝上一杯，不仅可以化食，还可以为生活增添情趣。喜欢喝利口酒的人，总是沉迷于其丰富的气味和浓郁的口感中；就算是不喜欢喝酒的女士，也忍不住一尝利口酒的香醇。另外，利口酒还在烹调，烘烙，做冰淇淋、布丁以及一些水果拼盘、甜点上起调味作用。

利口酒发明之初主要用于医药，主治肠胃不适、气胀、气闷、消化不良、腹泻等，特别是法国人喜欢餐后喝点甜利口酒助消化。利口酒除了餐后饮用助消化外，还可以用于鸡尾酒调色、调味，另外还可加汽水、加碎冰饮用等。

（一）利口酒的分类

利口酒的种类较多，主要有以下几类：

1. 蓝莓利口酒（Blueberries Liqueur）

用新鲜的蓝莓压榨发酵后，经特殊工艺制成，营养丰富，呈天然宝石红色，澄清透明，酒香浓郁，甘甜醇厚，具有野生浆果的独特风格（如万山利口），产地主要集中在中国北部的大兴安岭地区。

2. 桑布加利口酒（Sambuca Liqueur）

酒体呈黑色，酒精含量为40%，具有茴香香气，香料来自于特有的茴香树花油，适用于调兑汽水饮用，产地是意大利。

3. 杏子白兰地（Apricot Brand）

采用新鲜杏子与法国干邑白兰地加工调制而成，酒体呈琥珀色，果香清鲜，产地是荷兰。

4. 鸡蛋白兰地（Bolls Advockaat）

酒体呈蛋黄色、不透明，采用鸡蛋黄、芳香酒精或白兰地，经特殊工艺制成，营养丰富，避光冷冻存放，产地是荷兰。

5. 可可甜酒（De Cacao）

采用上等可可豆及香兰果原料酿制，分棕、白两种颜色：棕色酒作为餐后酒；白色酒则制作西点时用。产地是荷兰。

6. 咖啡甜酒（Coffee Liqueur）

采用上等咖啡豆，经熬煮、过滤等工艺精酿而成，酒色如咖啡，芳香、浓郁，属餐后用酒，产地是荷兰。

7. 薄荷利口酒（Creme de Menthe）

主要产于法国和荷兰，是在蒸馏酒中加入薄荷油配制而成的。薄荷酒酒精度为30%，酒体按色泽可分为红、绿、白等，具有很高的糖度，使酒体明显浓稠，不宜直接饮用，可用于兑制鸡尾酒。荷兰产的薄荷酒称为Peppermint。

利口酒的种类很多，除上述几种外，还有可可奶油利口酒（Creme de Cacao）、咖啡利口酒（Creme de Cafe）、彼德·亨瑞樱桃利口酒（Peter Heering）、蛋黄酒（Advocaat）等。

（二）知名利口酒

1. 波尔图酒

波尔图酒产于葡萄牙杜罗河一带（Douro），在波尔图港进行储存和销售。波尔图酒是用葡萄原汁酒与葡萄蒸馏酒勾兑而成的，有白和红两类。白波尔图酒有金黄色、草黄色、淡黄色之分，是葡萄牙人和法国人喜爱的开胃酒。红波尔图酒作为甜食酒在世界上享有很高的声誉，有黑红、深红、宝石红、茶红四种，统称为色酒（Tinto），红波尔图酒的香气浓郁芬芳，果香和酒香协调，口味醇厚、鲜美、圆润，有甜、半甜、干三种类型。最受欢迎的是1945年、1963年、1970年的产品。

波尔图酒在市场上分三个品种销售：青大（Quintas）、佳酿（Vintages）、陈酿（L. B. V）。著名的产品有库克本（Cookburn）、克罗夫特（Croft）、方瑟卡（Fonseca）、西尔法（Silva）、桑德曼（Sandeman）、沃尔（Warres）、泰勒（Taylors）。

2. 雪莉酒

雪莉酒产于西班牙的加勒斯（Jerez），以加勒斯所产的葡萄酒为酒基，勾兑当地的葡萄蒸馏酒，逐年换桶陈酿，陈酿15～20年时质量最好，风味也达极点。雪莉酒分为两大类：菲奴（Fino）和奥罗路索（Oloroso），其他品种均为这两类的变形。

菲奴颜色淡黄，是雪莉酒中色泽最淡的，它香气精细幽雅，给人以清新之感，就像新苹果刚摘下来时的香气一样，十分悦人。口味甘洌、清新、爽快。酒精度在15.5～17度。菲奴不宜久藏，最多贮存两年，当地人往往只买半瓶，喝完再购。曼赞尼拉（Manzanilla）

是一种陈酿的菲奴，此酒微红色，透亮晶莹，香气与菲奴接近，但更醇美，常有杏仁苦味的回香，令人舒畅。西班牙人最喜爱此酒。巴尔玛（Palma）雪莉酒是菲奴的出口学名，分1档、2档、3档、4档，档次越高，酒越陈。阿蒙提拉多（Amontillaclo）是菲奴的一个品种，它的色泽十分美丽沉稳，香气带有核桃仁味，口味甘洌而清淡，酒精度在15.2~22.8度。

奥罗路索与菲奴有所不同，是强香型酒。金黄、棕红色，透明晶亮，香气浓郁扑鼻，具有典型的核桃仁香味，越陈越香。口味浓烈、柔绵，酒体丰满。酒精度在18~20度，也有24度、25度的，但为数不多。巴罗高大多（Palo Cortado）是雪莉酒中的珍品，市场上供应很少，风格很像菲奴，人称“具有菲奴酒香的奥罗路索”，大多陈酿20年再上市。

雪莉酒的名牌产品有Croft，de Terry，Domecq，Duke Wellington，Duff Gordon，Harvers，Mérito，Misa，Montilla。

3. 玛德拉酒

玛德拉岛地处大西洋，长期以来为西班牙所占领。玛德拉酒产于此岛上，是用当地生产的葡萄酒和葡萄烧酒为基本原料勾兑而成的，十分受人喜爱。玛德拉酒是上好的开胃酒，也是世界上屈指可数的优质甜食酒。玛德拉酒分为舍西亚尔（Sercial）、弗德罗（Verdelho）、布阿尔（Bual）、玛尔姆赛（Malmser）四大类。

舍西亚尔是干型酒，酒色金黄或淡黄，色泽艳丽，香气优美，人称“香魂”，口味醇厚、浓正，西方厨师常用来作为料酒。弗德罗也是干型酒，但比舍西亚尔稍甜一点。布阿尔是半干型或半甜型酒。玛尔姆赛是甜型酒，是玛德拉酒家族中享誉最高的酒。此酒呈棕黄色或褐黄色，香气怡人，口味极佳，比其他同类酒更醇厚浓重，风格和酒体给人以富贵豪华的感觉。玛德拉酒的酒精含量大多在16~18度。

玛德拉酒的名品有鲍尔日（Borges）、巴贝都王冠（Crown Barbeito）、利高克（Leacock）、法兰加（Franca）等。

4. 马拉加酒

马拉加酒产于西班牙安达卢西亚的马拉加地区，酿造方法颇似波尔图酒。酒精含量在14~23度，此酒在餐后甜酒和开胃酒中比不上其他同类产品，但它具有显著的强补作用，较为适合病人和疗养者饮用。较有名的有Flores Hermanos，Felix，Hijos，José，Larios，Louis，Mata，Pérez Texeira。

马尔萨拉酒产于意大利西西里岛西北部的Marsala一带。是由葡萄酒和葡萄蒸馏酒勾兑而成的，它与波尔图、雪莉酒齐名。酒呈金黄带棕色，香气芬芳，口味舒爽、甘润。根据陈酿的时间不同，马尔萨拉酒风格也有所区别。陈酿4个月的酒称为精酿（Fine），陈酿两年的酒称为优酿（Superiore），陈酿5年的酒称为精酿（Verfine）。

较为有名的马尔萨拉酒有厨师长（Gran Chef）、佛罗里欧（Florio）、拉罗（Rallo）、佩勒克利诺（Peliegrino）等。

三、中国配制酒

我国的配制酒具有悠久的历史和优良的传统，据考证，中国配制酒滥觞的时代应于春秋战国之前。中国配制酒又称混成酒，是指在成品酒或食用酒精中加入药材、香料等原料精制而成的酒精饮料。其配制方法一般有浸泡法、蒸馏法、精炼法三种。浸泡法是指将药材、香料等原料浸没于成品酒中陈酿而制成配制酒的方法；蒸馏法是指将药材、香料等原料放入成品酒中进行蒸馏而制成配制酒的方法；精炼法是指将药材、香料等原料提炼成香精加入成品酒中而制成配制酒的方法。

中国各少数民族都有自己悠久的民族民间医药和医疗传统，其中，内容丰富的配制酒是其重要构成部分之一，他们利用酒能“行药势、驻容颜、缓衰老”的特性，以药入酒，以酒引药，治病延年。明初，药物学家兰茂汲取各少数民族丰富的医药文化营养，编撰了独具地方特色和民族特色的药物学专著《滇南本草》。在这部比李时珍《本草纲目》还早一个半世纪的鸿篇巨制中，兰茂深入探讨了以酒行药的有关原则和方法，记载了大量配制酒药的偏方、秘方。

少数民族的配制酒五花八门，丰富多样。有用药物根块配制者，如滇西天麻酒、哀牢山区的茯苓酒、滇南三七酒、滇西北虫草酒等；有用植物果实配制者，如木瓜酒、桑葚酒、梅子酒、橄榄酒等；有以植物杆茎入酒者，如人参酒、绞股蓝酒、寄生草酒；有以动物的骨、胆、卵等入酒者，如虎骨酒、熊胆酒、鸡蛋酒、乌鸡白凤酒；有以矿物入酒者，如麦饭石酒。

（一）中国配制酒分类

根据其加入的材料不同，配制酒可分为两类，即露酒、药酒和保健酒。

1. 露酒

露酒是以白酒、曲酒等烈性酒为基酒，采用芳香性植物的花、根、皮、茎等及具有一定疗效的中草药材，通过串香浸泡、再蒸馏等工艺配制而成。酒精度较高，在 30 ~ 50 度，是我国的传统美酒，被誉为“琼浆玉液”。

（1）山西竹叶青。中国配制酒以山西竹叶青最为著名。竹叶青产于山西省汾阳市杏花村汾酒集团，它以汾酒为原料，加入竹叶、当归、檀香等芳香中草药材和适量的白糖、冰糖后浸制而成。该酒色泽金黄、略带青碧，酒味微甜清香，酒性温和，既有汾酒原有的风味，又有各种药材的香气。适量饮用竹叶青酒，有通气活血、强壮精神、消除疲劳的滋补功效。酒精度为 45 度，含糖量为 10%。

（2）莲花白酒。产于北京葡萄酒厂，被誉为“酒中之冠”。莲花白酒采用宫廷御制秘方，选用优质高粱酒为基酒，加入五加皮、广木香、黄芪、当归、肉豆蔻、砂仁、首乌、丁香等二十多种中药材，进行蒸炼，再加入白糖调制，入坛密封陈酿而成。酒液清澈透明似水晶，药香与酒香协调而怡人，口感醇厚甜润，柔和不烈，回味深长，余香不息。酒精度为 50 度，糖分为 8%，具有滋阴补肾、健脾和胃、舒筋活血、祛风避瘴等功效。

（3）五加皮酒。产于广东省广州市制酒厂。它是以五加皮为原料，加入当归、砂仁、豆蔻、丁香等近三十多种中药材，用经过加工的白酒分别热浸后配制的。酒精度为 40 度，含糖 6%，呈褐红色，清澈透明，酒味浓郁，调和醇滑，风味独特。

（4）茴香甘露酒。产于广西德保县酒厂。该酒以茴香剂、白酒和糖等为原料，用科学方法酿制而成。它具有开胃、增进食欲、提神理气、活血通脉、利尿祛寒等保健功效。酒液淡黄、柔和醇净、自然宜人，有 18 度和 40 度两种。

2. 药酒和保健酒

中国的药酒和保健酒的主要特点是在酿酒过程中或在酒中加入了中草药，因此两者并无本质上的区别，但前者主要以治疗疾病为主，有特定的医疗作用；后者以滋补养生健体为主，有保健强身作用。

（1）参茸三鞭酒。产自吉林省长春市春城酿酒厂。此酒用我国稀有特产——梅花鹿鞭、海狗鞭、广狗鞭为主要原料，配有人参、鹿茸等各种名贵药材，用多年陈酿的高粱酒作为基酒，经特殊兑制方法精工制成，酒精度为38度。含有多种维生素、无机盐、氨基酸、蛋白质等营养成分，具有壮阳补肾、健脑安神、补血强心等功效。

（2）田七补酒。产自广西梧州市龙山酒厂。此酒是以广西特产田七为主要原料，用科学方法提炼田七，并配有北芪、党参、枸杞、桂圆肉等十多种名贵药材，选用醇正米酒经一年浸泡而成。它除有补气补血、活血通经功效外，还有促进新陈代谢、消除疲劳、增进健康等作用。酒液棕色透明、酒质香醇、药味协调，酒精度为36~38度。

（3）雪蛤大补酒。产自黑龙江省尚志市一面坡葡萄酒厂。此酒以醇正高粱白酒为基酒，选用上等雪蛤油，以适量人参、北芪、当归、枸杞等药材配制而成。雪蛤油含有蛋白质、脂肪、糖分、磷质、硫质和维生素A、维生素B、维生素C及多种激素。饮用此酒，有滋补强身、补虚益精、健肺防咳、抗衰养颜之功效。该产品酒精度为39度，糖分为5%。

（4）黄金酒。是以鹿茸、龟甲、西洋参、杜仲、枸杞、蜂蜜、白酒、水为主要原料制成的保健食品。黄金牌万圣酒（以下简称黄金酒），以五粮液作为优质基酒，遵循四百余年中医古方，精选老龟甲、鹿茸、枸杞、杜仲、蜂蜜等药材，酿造出代表作——黄金酒。35度黄金酒色如琥珀、酒香浓郁、回味无穷。

（5）劲酒。以传统中医理论为基础，精选多味名贵药材为原料，运用现代生物技术提取其有效活性成分精酿而成的保健酒。酒精度35~38度，糖分6%~8%。品质特点：琥珀色，植物芳香，酒性柔和，滋味醇厚，回味悠长，有特殊风味。

（二）中国配制酒品牌

1. 刺梨酒

贵州布依族酿制的刺梨酒，驰名中外。刺梨酒的酿制方法是：每年秋天收了粳稻以后，就采集刺梨果，将其晒干。接着用糯米酿酒，酒盛于大坛中，再将刺梨干放进坛里浸泡。一个月以后（时间泡的愈长愈好）即成。酒呈黄色，喷香可口，约20度，不易醉人。

2. 杨林肥酒

杨林肥酒是享誉海内外的传统配制酒，以产地而得名。杨林镇地处云南省中部的嵩明县杨林湖畔，早在明初已商贾云集，工商业繁荣，酿酒业尤为发达，每年秋收结束，杨林湖畔，玉龙河边，百家立灶，千村酿酒，呈现出一派“农歌早稻香”、“太平村酒贱”的兴盛景象。传统的酿酒技艺和丰富的药物学知识是杨林肥酒成功的坚实基础。清末，杨林酿酒业主陈鼎设“裕宝号”酿酒作坊，借鉴兰茂《滇南本草》中酿造水酒的十八种工艺，采用自酿的纯粮小曲酒为酒基，浸泡党参、拐枣、陈皮、桂圆肉、大枣等10余种中药材，同时加入适量的蜂蜜、蔗糖、豌豆尖、青竹叶，精心配制。通过长期的摸索实践，于清光绪六年（公元1880年），向市场上推出了一种色泽碧绿如玉、清亮透明、药香和酒香浑然一体的配制酒。这种酒醇香绵甜，回味隽永，具有健胃滋脾、调和腑脏、活血健身的功效，创始者陈鼎命名其为“杨林肥酒”。

3. 鸡蛋酒

节庆期间和嘉宾临门时，彝族配制的鸡蛋酒就是一种具有浓郁地方特色和民族特色的保健型配制酒。彝族鸡蛋酒的配制方法是：

（1）备料。40～45 度纯粮烧酒、生姜、草果、胡椒、鸡蛋、糖等。各种原料的使用比例是：若制作 10 公斤鸡蛋酒，配生姜 1 两，胡椒 0.15 两，糖 3 公斤，鸡蛋 5 只。

（2）煮酒。先把草果放在火塘中烤焦、捣碎，生姜洗净、去皮、捣扁。备好的草果、生姜和白酒同时下锅，温火将酒煮沸后，加糖；糖完全融化后，撤去锅底的火，但保持余热；捞出生姜及草果碎块，将鸡蛋调匀后，呈细线状缓缓注入酒锅内，同时快速搅动酒液，最后撒入胡椒粉即可饮用。

地道的彝家鸡蛋酒现配现饮，上碗时余温不去，香郁扑鼻，鸡蛋如丝如缕，蛋白洁白如丝，蛋黄金灿悦目，入口余温不绝，饮后清心提神，祛风除湿。节庆佳期，一碗热腾腾的鸡蛋酒烘托出节目的祥和与热烈；嘉宾临门，一碗香喷喷的鸡蛋酒显示出彝族的真挚与热诚。

4. 松苓酒

松苓酒是满族的传统饮料，其制作方法非常独特：在山中寻觅一棵古松，伐其本根，将白酒装在陶制的酒瓮中，埋于其下，逾年后掘取出来。据说，通过这种方法，古松的精液就被吸到酒中。松苓酒酒色为琥珀色，具有明目、清心的功效。

任务 4　认知无酒精饮料

国际上对无酒精饮料的认知并不一致。无酒精饮料的主要原料是饮用水或矿泉水、果汁、蔬菜汁或植物的根、茎、叶、花和果实的抽提液。有的含甜味剂、酸味剂、香精、香料、食用色素、乳化剂、起泡剂、稳定剂和防腐剂等食品添加剂。其基本化学成分是水分、碳水化合物和风味物质，有些软饮料还含维生素和矿物质。汽水生产起源于欧洲，1772 年，英国已出版了指导汽水生产的书籍，以汽水为主的碳酸饮料生产已初具规模。后又出现了多种可乐型饮料，至 20 世纪 80 年代已风靡全球。19 世纪中叶，L. 巴斯德发展了杀灭牛奶中有害微生物的加工方法（巴氏杀菌），从此开始了鲜奶的工业加工。世界饮料工业从 20 世纪初起已达到相当大的生产规模。60 年代以后，饮料工业开始大规模集中生产和高速度发展。矿泉水、碳酸饮料、果汁、蔬菜汁、奶、啤酒和葡萄酒等都已形成大规模和自动化生产体系。

一、碳酸饮料类

碳酸饮料是一种含有大量二氧化碳气的饮料，用水、柠檬酸、小苏打、白糖、柠檬香精、食用色素等原料按一定比例配制而成的，除糖类能给人体补充能量外，充气的“碳酸饮料”中几乎不含营养素。碳酸饮料（汽水）可分为果汁型、果味型、可乐型、低热量型、其他型等，常见的如可乐、雪碧、芬达、七喜、美年达等。其中果汁型碳酸饮料指含有 2.5% 及以上的天然果汁；果味型碳酸饮料指以香料为主要赋香剂，果汁含量低于

2.5%的饮料；可乐型碳酸饮料指含有可乐果、白柠檬、月桂、焦糖色素的饮料；其他型碳酸饮料还有乳蛋白碳酸饮料、冰淇淋汽水等。过量饮用对身体有害。根据《软饮料的分类》、《碳酸饮料》的规定，碳酸饮料的种类有：

果汁型：原果汁含量不低于2.5%的碳酸饮料。如橘汁汽水、橙汁汽水、菠萝汁汽水或混合果汁汽水等。

果味型：以食用香精为主要赋香剂以及原果汁含量低于2.5%的碳酸饮料。

可乐型：含有焦糖色素、可乐香精、水果香精或类似可乐果、水果香型的辛香和果香混合香气的碳酸饮料。无色可乐不含焦糖色素。

低热量型：以甜味剂全部或部分代替糖类的各型碳酸饮料和苏打水，其热量不高于75千焦。

其他型：除上述四种类型以外的含有植物提取物或以非果香型的食用香精为赋香剂的碳酸饮料。如姜汁汽水、运动汽水等。

二、果蔬汁饮料类

果蔬汁是指未添加任何外来物质，直接以新鲜或冷藏果蔬为原料，经过清洗、挑选后，采用物理的方法如压榨、浸提、离心等方法得到的果蔬汁液，以果蔬汁为基料，加水、糖、酸或香料调配而成的汁称为果蔬汁饮料。果蔬汁含有丰富的矿物质、维生素、糖分、蛋白质及有机酸等物质。果蔬汁供给人体大量的维生素、矿物质和酶，帮助维持我们身体的pH值。其中的植物化学物质，也有助于我们清除体内致癌物质。果蔬汁既可单饮，又可作为调制鸡尾酒的辅料。酒吧常用的果蔬汁主要有橙汁、柠檬汁、苹果汁、莱姆汁、菠萝汁、番茄汁、西柚汁、葡萄汁、提子汁，其他还有椰子汁、芒果汁、黑加仑子汁、西瓜汁、胡萝卜汁、猕猴桃汁、木瓜汁、山楂汁等。

（一）果汁类饮料

果汁（浆）是用成熟适度的新鲜或冷藏水果为原料，经加工所得的果汁（浆）或混合果汁类制品，是采用机械方法将水果加工制成的未经发酵但能发酵的汁液，或采用渗滤或浸提工艺提取水果中的汁液再用物理方法除去加入的溶剂制成的汁液，或在浓缩果汁中加入与果汁浓缩时失去的天然水分等量的水制成的具有原水果果肉色泽、风味和可溶性固形物的汁液。浓缩果汁和浓缩果浆指用物理方法从果汁或果浆中除去一定比例的天然水分而制成的具有原有果汁或果浆特征的制品。果肉饮料指在果浆或浓缩果浆中加入水、糖液、酸味剂等调制而成的制品，成品中果浆含量不低于300克/升；用高酸、汁少肉多的水果调制而成的制品，成品中果浆含量不低于200克/升。含有两种或两种以上不同品种果浆的果肉饮料称为混合果肉饮料。

果汁饮料，指在果汁或浓缩果汁中加入水、糖液、酸味剂等调制而成的清汁或浊汁制品，成品中果汁含量不低于100克/升，如橙汁饮料、菠萝汁饮料等。含有两种或两种以上不同品种果汁的果汁饮料称为混合果汁饮料。其中，果粒果肉饮料指在果汁或浓缩果汁中加入水、柑橘类囊胞（或其他水果经切细的果肉等）、糖液、酸味剂等调制而成的制品，成品果汁含量不低于100克/升，果粒含量不低于50克/升。水果饮料浓浆是指在果汁或浓缩果汁中加入水、糖液、酸味剂等调制而成的，含糖量较高，稀释后方可饮用的饮品。按照该产品标签上标明的稀释倍数稀释后，果汁含量不低于50克/升。含有两种或两种以上不同品种果汁的水果饮料称为混合水果饮料浓浆。水果饮料指在果汁或浓缩果汁中加入水、糖、酸味剂等调制而成的清汁或浊汁制品，成品中果汁含量不低于50克/升，如橘子饮料、菠萝饮料、苹果饮料等。含有两种或两种以上不同品种果汁的水果饮料称为混合水果饮料。

（二）蔬菜汁饮料

蔬菜汁饮料是由一种或多种新鲜或冷藏蔬菜（包括可食的根、茎、叶、花、果实、食用菌、食用藻类及蕨类）等经榨汁、打浆或浸提等制得的制品。包括蔬菜汁、蔬菜汁饮料、混合果蔬汁、发酵蔬菜汁和其他蔬菜汁饮料。

（1）蔬菜汁指在用机械方法加工蔬菜制得的汁液中加入水、食盐、白砂糖等调制而成的制品，如番茄汁。

（2）蔬菜汁饮料指在蔬菜汁中加入水、糖液、酸味剂等调制而成的可直接饮用的制品。含有两种或两种以上不同品种蔬菜汁的蔬菜汁饮料称为混合蔬菜汁饮料。

（3）混合果蔬汁饮料指在按一定配比调和的蔬菜汁与果汁的混合汁中加入白砂糖等调制而成的制品。

（4）发酵蔬菜汁饮料指在蔬菜或蔬菜汁经乳酸发酵后制成的汁液中加入水、食盐、糖液等调制而成的制品。

（5）其他蔬菜汁饮料。如食用菌饮料、藻类饮料等。

（三）果蔬汁的营养价值

果蔬汁是果蔬的汁液部分，含有果蔬中所含的各种可溶性营养成分，如矿物质、维生素、糖、酸等和果蔬的芳香成分，因此营养丰富、风味良好。但注意的是，不同种类的果蔬汁产品营养成分差距很大，产品中的果蔬汁含量也不同。事实上，一些果蔬汁产品由于生产时经过各种澄清工艺处理，营养成分损失很大，而许多在果蔬汁基础上制成的果蔬汁饮料是一种嗜好性饮料，由于果蔬汁含量低，并没有多少营养价值。

三、茶饮料

中国是茶的故乡，制茶、饮茶已有几千年历史。在我国古代，茶叶最初作为药用，是采摘生叶煎服，以后，发展为以茶当菜，煮作羹饮，或与其他食物调剂饮用，到了明代，才发展成为我们现在常用的茶叶冲泡饮用的方法。茶叶种类繁多，名品荟萃，主要品种有绿茶、红茶、乌龙茶、花茶、白茶、黄茶、黑茶。茶叶中有600多种化学成分，主要有茶色素、茶多酚、咖啡因、维生素、微量元素。茶色素、茶多酚对茶的色、香、味及营养、保健功能起着重要的作用，经常喝茶，可以降低血液中胆固醇和甘油三酯的含量，减少脂质在血管壁的沉积，具有预防动脉粥样硬化、降低血压、稀释血液、抗凝溶栓等保健防病功能。可以说，经常喝茶，既有健身、治疾之药物疗效，又富欣赏情趣，可陶冶情操。

品茶、待客是中国个人高雅的娱乐和社交活动，坐茶馆、茶话会则是中国人社会性群体茶艺活动。中国茶艺在世界享有盛誉，茶叶冲以煮沸的清水，顺乎自然，清饮雅尝，寻求茶的固有之味，重在意境，这是中式品茶的特点。同样质量的茶叶，如用水不同、茶具不同或冲泡技术不一，泡出的茶汤会有不同的效果。我国自古以来就十分讲究茶的冲泡，积累了丰富的经验，想泡好茶，要了解各类茶叶的特点，掌握科学的冲泡技术，使茶叶的固有品质能充分地表现出来。

茶饮料是指用水浸泡茶叶，经抽提、过滤、澄清等工艺制成的茶汤；或在茶汤中加入水、糖液、酸味剂、食用香精、果汁或植（谷）物抽提液等调制加工而成的制品。包括茶饮料、果汁茶饮料、果味茶饮料和其他茶饮料。茶饮料具有茶叶的独特风味，含有天然茶多酚、咖啡因等茶叶有效成分，兼有营养、保健功效，是清凉解渴的多功能饮料。

（一）茶叶的种类

根据其制造方法和品质上的差异，一般将茶叶分为基本茶类和再加工茶，基本茶类又分为绿茶、红茶、乌龙茶、白茶、黄茶和黑茶六大类；再加工茶分为花茶、紧压茶、萃取茶、果味茶等。具体介绍如下：

1. 绿茶

绿茶属于不发酵茶。茶叶颜色是翠绿色，保留了鲜叶的天然物质，富含叶绿素、维生素 C，冲泡后茶汤较多地保存了鲜茶叶的绿色，主调呈绿黄色。绿茶对防衰老、防癌、抗癌、杀菌、消炎等均有特殊效果，为发酵类茶等所不及。常见的绿茶有信阳毛尖、西湖龙井、碧螺春、峨眉山茶、黄山毛峰等。

2. 红茶

红茶属于全发酵茶，为我国第二大茶类。茶叶的颜色是深红色，泡出来的茶汤呈朱红色。红茶性质温和，因咖啡因、茶碱较少，兴奋神经性能较低。红茶可以帮助胃肠消化、促进食欲，可利尿、消除水肿，并强壮心脏功能。红茶中富含的黄酮类化合物能消除自由基，具有抗酸化作用，降低心肌梗塞的发病率。常见的红茶有祁门红茶、滇红、宁红、日照红茶等，以祁门红茶最为著名。

3. 乌龙茶

乌龙茶属于半发酵茶，性质温凉，品种较多，是中国几大茶类中，独具鲜明汉族特色的茶叶品类。这种茶呈深绿色或青褐色，泡出来的茶汤呈蜜绿色或蜜黄色。乌龙茶的药理作用突出表现在分解脂肪、减肥健美等方面。常见的乌龙茶有冻顶乌龙、凤凰水仙、安溪铁观音、武夷岩茶等。

4. 花茶

花茶是将茶叶加植物的花、叶或其果实泡制而成的茶，是中国特有的一类再加工茶。花茶又可细分为花草茶和花果茶。饮用叶或花的称之为花草茶，如荷叶、甜菊叶。饮用其果实的称之为花果茶，如无花果、柠檬、山楂、罗汉果、有花果。其气味芳香并具有养生疗效。花茶主要以绿茶、红茶或者乌龙茶作为茶坯、配以能够吐香的鲜花作为原料，采用窨制工艺制作而成的茶叶。根据其所用的香花品种不同，分为茉莉花茶、玉兰花茶、桂花花茶、珠兰花茶等，其中以茉莉花茶产量最大。

5. 紧压茶

紧压茶是以黑毛茶、老青茶、做庄茶及其他适合制毛茶为原料，经过渥堆、蒸、压等典型工艺过程加工而成的砖形或其他形状的茶叶。紧压茶的多数品种比较粗老，干茶色泽黑褐，汤色澄黄或澄红。中国目前生产的紧压茶，主要有沱茶、普洱方茶、茯砖茶、黑砖茶等。紧压茶有防潮性能好，便于运输和储藏，茶味醇厚，适合减肥等特点。紧压茶一般都是销往蒙藏地区，这些地区牧民多肉食，日常需大量消耗茶，但是居无定所，因此青睐容易携带的紧压茶。常见的紧压茶有方包茶、茯砖茶、黑砖茶、花砖茶等。

（二）茶饮料的种类

茶饮料按其原辅料不同分为茶汤饮料和调味茶饮料，茶汤饮料又分为天然型和发酵型茶饮料，其中天然型又分为浓茶型和淡茶型；调味茶饮料还可分为果味茶饮料、果汁茶饮料、碳酸茶饮料、奶味茶饮料及其他茶饮料。

（1）按中国软饮料的分类国家标准和有关规定，茶汤饮料是指以茶叶的水提取液或其浓缩液、速溶茶粉为原料、经加工制成的、保持原茶类应有风味的茶饮料。

（2）在调味茶饮料中，果汁茶饮料是指在茶汤中加入水、原果汁（或浓缩果汁）、糖液、酸味剂等调制而成的制品，成品中原果汁含量不低于5.0%；果味茶饮料是指在茶汤中加入水、食用香精、糖液、酸味剂等调制而成的制品；碳酸茶饮料是指在茶汤中加入水、糖液等经调味后充入二氧化碳气的制品；奶味茶饮料是指在茶汤中加入水、鲜乳或乳制品、糖液等调制而成的茶饮料。

四、咖啡

咖啡原产于埃塞俄比亚西南部的咖法省高原地区，据说是一千多年前一位牧羊人发现羊吃了一种植物后，变得非常兴奋活泼，因此发现了咖啡。直到11世纪左右，人们才开始用水煮咖啡作为饮料。咖啡与茶叶、可可并称为世界三大饮料植物，它的主要成分包括咖啡因、单宁酸、酸性脂肪、挥发性脂肪、蛋白质、糖、纤维、矿物质等。咖啡的功效主要有利尿、刺激中枢神经和呼吸系统、扩大血管、使心跳加速、增强横纹肌的力量以及缓解大脑和肌肉疲劳等作用。日常饮用的咖啡是用咖啡豆配合各种不同的烹煮器具制作出来的，而咖啡豆是用咖啡树果实里面的果仁以适当的方法烘焙而成的。常见的咖啡有清咖啡、牛奶咖啡、法式咖啡、土耳其咖啡、皇家咖啡、维也纳咖啡、爱尔兰咖啡、西班牙咖啡和意大利咖啡等。以下介绍几种有代表性的咖啡。

1. 黑咖啡

黑咖啡又称“清咖啡”，是不加任何其他成分的咖啡，直接用咖啡豆烧制而成，不添加奶、糖等。黑咖啡历来被称为“健康使者”，它对健康所起的作用主要有：提神醒脑，强筋骨、利腰膝，开胃消食，利窍除湿，活血化瘀，平肺定喘，燥湿除臭，减肥及有效改善低血压等。

2. 白咖啡

白咖啡是马来西亚的土特产，约有100多年的历史。白咖啡并不是指咖啡的颜色是白色的，而是采用特等Liberica、Arabica和Robusta咖啡豆及特级的脱脂奶精原料，经中轻度低温烘焙及特殊工艺加工后大量去除咖啡因，去除高温碳烤所产生的焦苦与酸涩味，将咖啡的苦酸味、咖啡因含量降到最低，不加入任何添加剂来加强味道，只保留咖啡原有的色泽和香味，味道纯正甘醇芳香不伤肠胃，颜色比普通咖啡更清淡柔和，呈现淡淡的奶金黄色，故得名为白咖啡。马来西亚白咖啡是移居到马来西亚的华人吴文清先生的祖父研制出来的，其原产地在怡保（位于马来西亚北部），所以马来西亚的白咖啡仍以怡保白咖啡最为出色、地道。白咖啡作为怡保当地的一种特产，已有超过半个世纪的历史。在美国，白咖啡也指轻度烘焙的咖啡豆，使用意式冲煮，具有较强酸味的咖啡。冲泡白咖啡时，人们常习惯于使用马克杯而不是玻璃杯，其中一部分原因是为了更好地保持咖啡的温度。

3. 意式浓缩咖啡

意式浓缩咖啡是一种口感强烈的咖啡类型，方法是以极热但非沸腾的热水，借由高压冲过研磨成很细的咖啡粉末来冲出咖啡。它发明并发展于意大利，始于20世纪初。意大利浓缩咖啡用小杯品尝，最好在三口之内喝完，饮用时无须加糖加奶。一杯好的意大利浓缩咖啡主要包括三个要素：其表面会覆盖着一层浓郁的赤红色克利玛（是咖啡表面上深褐色的泡沫，含有咖啡中关键的香气分子）；喝完后杯内会留有醇郁的香味；克利玛“挂杯”（残留在杯壁上）的程度好。

4. 美式咖啡

美式咖啡是使用滴滤式咖啡壶制作出的黑咖啡，或者是在意式浓缩咖啡中加入大量的水制成。比普通的浓缩咖啡柔和。美式咖啡浅淡明澈，几近透明，甚至可以看见杯底。

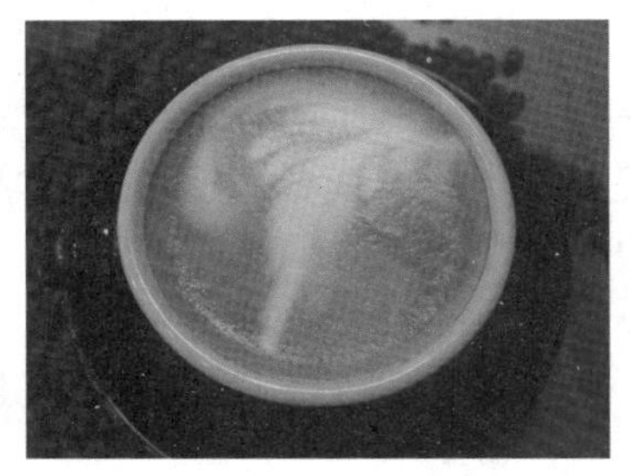

5. 拿铁咖啡

拿铁咖啡为意大利文“Caffè latte”的音译，是由一份浓缩咖啡加上两份以上的热牛奶混合而成的，又称“咖啡牛奶”。也可依需求加上两份浓缩咖啡，称为“Double”。与卡布奇诺相比，有更多鲜奶味道，更加香醇。

6. 摩卡咖啡

摩卡咖啡的名字起源于也门的红海海边小镇摩卡，是一种最古老的咖啡。它是由意大利浓缩咖啡、巧克力酱、鲜奶油和牛奶混合而成的，有时还会加入冰块调制。和意式卡布奇诺（Cappuccino）不一样，摩卡咖啡上面是没有鲜奶泡沫的，取而代之的是一些打发了的奶油、肉桂粉或者可可粉，也可以在表面加入葵蜜饯粉，既可作为装饰也可增加风味。

7. 爱尔兰咖啡

爱尔兰咖啡是一款鸡尾酒，原料是爱尔兰威士忌加咖啡豆，在咖啡中加入威士忌，顶部放上奶油即可。爱尔兰咖啡要用特定的专用杯，杯子的玻璃上有三条细线，第一线的底层是爱尔兰威士忌，第二线和第三线之间是曼特宁咖啡，第三线以上（杯的表层）

是奶油，奶油上还撒了一点盐和糖。特殊的咖啡杯，特殊的煮法，认真而执着，古老而简朴。烤杯的方法可以去除烈酒中的酒精，让酒香与咖啡能够更直接地调和。

8. 卡布奇诺

蒸汽加压煮出的浓缩咖啡加上搅出泡沫（或蒸汽打发）的牛奶，有时还依需求加上肉桂、香料或巧克力粉。通常咖啡、牛奶和牛奶沫的比例各占1/3，并在上面撒上小颗粒的肉桂粉末。另也可依需求加上两份浓缩咖啡，称为“Double”。卡布奇诺分为干、湿两种。所谓干卡布奇诺是指奶泡较多、牛奶较少的调理法，喝起来咖啡味浓过奶香，适合重口味者饮用；湿卡布奇诺则指奶泡较少、牛奶量较多的做法，奶香盖过浓呛的咖啡味，适合口味清淡者。湿卡布奇诺的风味和时下流行的拿铁差不多。

9. 冰咖啡

非常浓的咖啡和冰块混合，再加入原产于东印度群岛的香料小豆蔻，配以奶油和糖，口感微甜凉爽，几乎没有咖啡的苦涩味道，是适合夏季消暑的饮料。

模块小结

（1）简述发酵酒的种类及其主要特点。

（2）简述蒸馏酒的种类及其主要特点。

（3）简述配制酒的种类及其主要特点。

（4）简述无酒精饮料的种类及其主要特点。

项目二　酒吧设备、用具的认知

酒吧是一个服务性场所，可以抓住这一点来展示酒吧独特的文化气氛，这也是很多酒吧常用的创造文化气氛的方法。对于酒吧来讲，文化气氛的主要目的和作用在于影响消费者的心境，酒吧氛围的营造是酒吧吸引目标市场的有效手段。酒吧氛围设计既要考虑消费者的共性，又要考虑目标客人的个性。针对目标市场特点进行氛围设计，是占有目标市场的重要条件。

酒吧的氛围可影响顾客的逗留时间，可调整客流量及酒吧的消费环境。以音乐为例，轻慢柔和的音乐可使顾客的逗留时间加长；活泼明快的音乐，可刺激顾客加快消费速度。所以，在酒吧的音乐设计方面，在营业高峰时间顾客多的情况下，可用节奏舒缓的音乐，争取延长每个顾客的停留时间以增加销售收入。总之，酒吧的氛围对酒吧经营的影响是直接的，酒吧的色彩、音响、灯光、布置及活动等方面的最佳组合是影响酒吧经营氛围的关键因素。

【学习目标】

知识目标：

1. 熟练掌握酒吧中常用设备的基本操作方法及注意事项。
2. 熟练掌握调酒用具的使用方法。
3. 熟练掌握鸡尾酒载杯的特性。

能力目标：

1. 能够熟练操作酒吧中的常用设备。
2. 能够熟练使用调酒用具及载杯，提供鸡尾酒服务。

任务1　认知酒吧设备

一、酒吧常用设备简介

双门卧式冰柜：卧式冰柜是存放冰镇饮料的冰柜，长150～180厘米，宽60～80厘米，高80～100厘米，也可以根据酒吧的具体情况要求定做。卧式冰柜上边可以摆放其他设备，如咖啡机、榨汁机等。酒吧中常用的卧式冰柜多为内侧双开门三层储物设计，在门的旁边有一控温面板和通风口。控温面板上有调温旋钮，可以根据冰柜内存放的饮品进行控温，通风口外有一空气过滤罩，用来阻隔灰尘，需要每月清洗一次。设计酒吧时应在卧

式冰柜下预设下水管，用于冰柜内积水滴流。选购时注意：卧式冰柜分风冷却和管冷却两种，酒吧应选择风冷却。

不锈钢双门物品柜：不锈钢双门物品柜是酒吧必不可少的用具之一。此物品柜通常分为上下两层，用于储存酒吧内的各种调酒工具及用品，此外，还可以放置陶瓷器皿或各种玻璃杯具。注意：在使用此物品柜时，需要在柜内垫上白布后再放置物品，以确保柜内干净整洁。

不锈钢水池：酒吧中的不锈钢水池通常为两星或三星的（一星代表一个水槽），主要根据吧台内的规格及设计要求进行选择。酒吧中的两星不锈钢水池分为两个部分——清洗池和消毒池。清洗池通常用来洗手，初步清洗脏的杯具、玻璃器皿以及瓷器。消毒池则是清洗瓷器内的茶渍、茶垢。值得注意的是：消毒池需要时刻保持干净、卫生，避免往消毒池内倾倒杂物，否则会造成堵塞。要经常对池内进行清洁处理，防止水垢的产生，去除水迹，保持光泽。

冰槽架：冰槽架多以不锈钢材质为主，大小规格主要根据吧台的需求，是酒吧常用的用具之一，主要用于存放大量冰块供酒吧一天的使用。冰槽架的用途有多种，例如：在冰槽架周围设计装饰物和酒架，把装饰物放在盒内置放于冰槽架上，有利于对各种鸡尾酒装饰物起到冰镇保鲜的作用；酒架可存放一些常用烈酒，方便操作人员使用。此外，冰槽架在使用过程中应该注意保持表面的干净卫生，应该内置下水管方便清理冰槽架内的碎冰，一天营业时间结束后应该将冰槽架内所有的冰都清洗理干净以保证第二天的正常使用。

制冰机：制冰机是酒店中专门用来制作冰块的设备。制冰机的规格、大小、型号种类繁多，在酒吧内多以一些小型制冰机为主。根据型号的不同，制作出来的冰块也存在差异，形状分为四方形、圆柱形、扁圆形和长方形等多种。四方形的冰块使用起来较方便，不易融化。在使用过程中注意制冰机内冰块的卫生，不能用手或随意的物品盛取冰块，应用专门的冰铲盛取冰块。

洗杯机：洗杯机是酒吧内必备的一种设备设施，是专门用来清洗酒吧内所有杯具、玻璃器皿、瓷器的专用清洗机。洗杯机应根据酒吧的规模和大小来选用，一般选择小型的洗杯机。还可用于对酒吧中的杯具进行高温消毒。在清洗之前，一般将杯具倒扣在杯筐中再放进洗杯机里，调好程序按下电钮即可清洗。在清洗过后，应该及时将洗杯机内的杯具取出进行擦拭。一天营业时间结束后，应该对洗杯机进行清洗，将洗杯机内的水排出，每天营业之前注入新水。

搅拌机：搅拌机是酒吧调制鸡尾酒和制作鲜榨果汁的常用电动设备，多以硬塑料和不锈钢材质为主。在制作鸡尾酒时，起到将不易混合的酒水在搅拌过程中充分融合的作用。另外，使用之前应该检查容器内是否干净，使用之后应该及时清洗容器，保持容器内的清洁。

榨汁机：榨汁机是酒吧中制作鲜榨水果汁和蔬菜汁（柑橘类、柠檬等除外）的常用的电动设备，主要起到使果核、果肉分离获取果汁的作用，材质以塑料为主。通常榨汁机的使用方法是：将水果的果皮去除后，放入机器投入口内，按动机器开关进行压榨即可榨出鲜美的果汁。使用之前应该检查容器内是否干净，使用之后应该及时清洗容器，保持容器内的清洁。

扎啤机：扎啤机是酒吧中常用的设备设施，是为客人提供生啤酒的机器。扎啤机分为两部分：气瓶和制冷设备。气瓶用来装二氧化碳，输出管连接到生啤酒桶，有开关控制输出气压，气压低则表明气体已用完，需另换新气瓶；制冷设备是急冷型的。整桶的生啤酒无须冷藏，连接制冷设备后，输出来的便是冷冻的生啤酒。泡沫厚度可由开关控制，开关向前打开为接取啤酒，向后打开接出啤酒沫。生啤机不用时，必须断开电源并摘掉连接生啤酒桶的管子。生啤机每 15 天须由专业人员清洗一次。

半自动咖啡机：半自动咖啡机也称为“专业咖啡机”，需要操作者自己填粉和压粉。每个人的口味不同，对咖啡的需求也不同。操作者可以通过自己选择粉量的多少和压粉的力度来制作口味各不相同的咖啡，故称专业咖啡机。操作人员必须经过专业的培训才能制作出各种优质咖啡供客人享用。世界级的咖啡机有 FAEMA 半自动咖啡机、RANCILIO 半自动咖啡机、金巴利咖啡机等。在使用前应该提前打开进行加压预热；在营业时间结束后，应该对咖啡机进行全面的清洗，包括对热蒸汽喷头、咖啡出水口、漏水槽及机器内部的清洗。

全自动咖啡机：“全自动咖啡机”是指集研磨、填粉、压粉、滤煮、清洗为一体的一键完成的咖啡机，免除了所有手工操作的步骤。有的机型也可以热牛奶，并把它按比例配在咖啡里。它可以依据用户的要求制作 Espresso、Cappucinno、Latte 等咖啡。用户只需轻轻按键，咖啡机就可以自动冲调出一杯热的或是冷的咖啡、热牛奶。使用起来非常方便快捷，最适用于机关或自助的环境。使用结束后注意断电和清洗机器。

磨豆机：磨豆机主要分为手动式和电动式两种。手动磨豆机主要用于研磨少量的咖啡。酒吧中主要使用电动磨豆机，它研磨时间短，方便快捷，适用于制作多杯咖啡。磨豆机的主要作用是将咖啡豆研磨成咖啡粉。操作步骤装入一半容量的咖啡豆于塑料容器中，按下开关，磨豆机便开始把咖啡豆磨成咖啡粉，然后关闭开关，拨动手柄，使咖啡粉从磨豆机中漏到粉饼碗内即可。注意：在每次使用过磨豆机之后，都要把机器周围散落的咖啡粉末清扫干净，并及时往塑料容器中补充咖啡豆。

微波炉：微波炉用于加热饮料和制作爆米花等。因酒吧内部只用加热功能，故选购时不必选择带有过多功能的高档微波炉。使用后应注意微波炉的断电和清洁工作。

红酒恒温柜：红酒恒温柜主要用于储存红葡萄酒。因红葡萄酒的特殊要求，需要将他们放入葡萄酒冷藏柜中恒温冷藏。此类冰柜也可以调节温度，储藏温度依据酒的种类不同而不同，通常在 5℃～12℃。

活动酒吧台：活动酒吧台是酒吧中一种特殊形式的吧台，活动酒吧台一般装有少量的酒水饮料，杯子器具。可以直接将其推到客用区域进行对客服务，具有较强的灵活性。

二、酒吧设备用具的管理制度

（1）酒吧设备设施管理必须执行“预防为主，维修保养与计划检修并重”的方针，坚持“安排酒吧任务和安排好设备、设施维修计划并举”的原则，实行“专业管理与群众管理、专业保养与群众保养”相结合的方法，做到科学管理、正确指导、合理使用、精心维护、定期保养、计划维修，确保设备的正常运行、安全运行、经济运行。

（2）建立健全岗位责任制。酒吧设备的管理应该做到定人、定岗、定部门，遵循“谁使用、谁管理、谁清洁保养”的原则，使酒吧设备正常运行，以确保服务的质量。

（3）建立岗前培训制度。酒吧设备种类繁多，不同的设备有不同的特点及要求。新设备在投入使用之前，要对设备使用人员进行操作规程的培训，经考核合格后方能上岗；对新上岗人员进行设备知识技能培训和安全教育，以免违章操作而发生事故。

（4）建立设备使用的惩罚制度。在设备使用和保养方面做得好的，给予一定的奖励；对损坏设备的要进行惩罚。

（5）现场安全管理管理者对各类设备的使用方法、操作规程及注意事项做出规定。设备使用者严格按设备性能和工作原理进行操作，不得滥用。对复杂设备的使用，应在显眼处标明操作程序和注意事项。

（6）对酒吧中不安全的工作位置要安装保护装置。以电源作为动力源或热源的设备，要安装可靠的接地线和专用保险闸，以防出现事故。加热设备安装温度自控装置，以免发生火灾。所有设备要定期检查和维修，及时更换有关零件，消除事故隐患。非专业人员不得随意拆卸设备部件。

（7）在使用设备前，要检查电器开关和保险装置是否完好，若有损坏或短缺，采取相应措施。同时要注意电器是否受潮或沾水，若电器上有水，要立即切断电源，将水擦干，以免因漏电而发生危险。

（8）调酒师必须遵守安全规则，在使用设备时，注意力要集中，工作时不得擅自离开已启动的机械设备，一旦发现设备运行异常，应立即停机检查，分析原因并采取有效措施排除故障。

任务2　认知调酒用具

调酒用具，顾名思义，即为调酒时所需要用到的道具，包括基酒和调酒容器等。

一、基酒的简介

以下是作为一个初级酒吧的最基本配置：波本威士忌、加拿大威士忌、白兰地杜松子酒、淡色朗姆酒、白龙舌兰酒、伏特加、苏格兰威士忌、利口酒等，即使是最小的酒吧也应该配备一些小瓶装的最流行的利口酒，包括淡味甜酒、薄荷酒、可可甜酒、意大利苦杏酒、卡噜哇、苏格兰威士忌利口酒、本尼迪特甜酒、君度橘味白酒、金万利等。

对于葡萄酒和啤酒，一个初级酒吧至少应具备下列品种：干苦艾酒、甜苦艾酒、白葡萄酒、红葡萄酒、香槟或其他起泡沫的葡萄酒，啤酒或淡啤酒；对于调酒液，需要配备至少5种碳酸饮料：可乐、节食可乐、奎宁水等，这些调酒液和淡味酒，如杜松子酒、伏特加和朗姆酒混合在一起效果很好。对于味道较浓的酒，如苏格兰威士忌和波本酒，应该使用以下饮料：苏打水、干姜水、七喜（或类似饮料）；还需要5种基本的果汁，如果可能的话应在使用前购买，以保持新鲜，如橘子汁、葡萄汁、菠萝汁、越橘汁、西红柿汁。另外还需准备咖啡、奶油（浓的和淡的）、椰奶、苦味酒。

杯饰和配头，许多调制后的鸡尾酒都是既含有固体成分又含有液体成分。如果加入酒中的一块水果或蔬菜改变了酒的味道，那么它就是杯饰。如果它仅仅是为了装饰，就是配头。一个最基本的酒吧应具备以下配头和杯饰以供使用：柠檬卷、橘子片、橄榄、珍珠洋葱、芹菜梗等。

若想使初级酒吧更加完备还应配置：罗氏酸橙汁、冰糖块、粗盐（非普通食盐，用于玛格丽特鸡尾酒和咸狗）、石榴糖浆、糖浆（普通糖水即可）等。

二、调酒用具的简介

（一）调酒设备的简介

（1）冰槽：不锈钢制成的盛装冰块的容器。一般分为两个槽，分别用于盛装碎冰和冰块。

（2）酒瓶陈放槽：用来贮放需冰镇的酒，如葡萄酒等。

（3）瓶架：用来陈放常用酒瓶。一般为烈性酒，如威士忌、白兰地、金酒、伏特加等。吧台操作要求将常用酒放在便于操作的位置，其他酒陈放在吧柜里。

（4）碳酸饮料喷头：含碳酸饮料的酒水在酒吧都有喷出装置，即喷头。常见喷头可以接饮6种不同的碳酸饮料，原理同于市面上的可乐机。不同的是喷头上集中了6种不同的饮料的出口管，当按不同按键时就能喷出不同的饮料。

（5）搅拌器：在电动机轴上，装上带一定形状的搅拌叶。当打开电源开关时，由于电动机的轴旋转，从而使搅拌器随之旋转。酒吧用搅拌器来混合奶、鸡蛋等。

（6）果汁机：果汁机一般由盛水果的玻璃缸和装有电动机的底座两部分构成。当使用果汁机时，应使底座和玻璃缸切实套好，然后将水果等材料切成小块放入玻璃缸中，盖严。开动电开关时，应先以低速旋转，过2~3秒后再改用高速。

（7）冰杯机：酒吧里的净饮、鸡尾酒、冷冻饮料、冰淇淋、啤酒等都需要用冰杯服务。冰杯机的温度应控制在4℃~6℃，当杯离开冰杯机时即有一层雾霜。冰杯机里有很多层杯架，其工作原理同于冰箱。

（8）洗杯槽：一般为三格或四格杯槽，放置在两个服务区中心或最便于调酒师操作的地方。三格中一是清洗，二是冲洗，三是消毒清洗。

（9）沥水槽：三格水槽两边都设有便于洗过的杯控干水的沥水槽。玻璃杯倒扣在沥水槽上，让杯里的水顺槽沟流回池内。

（10）杯刷：杯刷一般放置在有洗涤剂的清洗槽中（第一格槽），调酒师将杯扣放到杯刷上，向下压杯的底部，并旋转杯身。如用电动刷杯器，只需将杯倒扣后按住杯底，按一下电钮即可，这样能洗净杯的里外和杯身。经刷洗过的杯子，放到冲洗槽中冲洗，然后放到消毒槽中消毒，最后放到沥水槽上控干。

（11）空瓶贮放架：用来装空的啤酒瓶和饮料瓶，然后扔到垃圾箱中；其他价值高的空酒瓶必须收集后到贮藏室换领新酒。有时空瓶架可直接将空瓶运到贮藏室存放。

（12）制冰机：每个酒吧都少不了制冰机，大型酒吧制冰机是吧台的一部分。在选购制冰机前应事先确定所需冰块的种类，每个制冰机只能制成一种形状和型号的冰块，如方冰块、圆冰块和菱形冰块。选择制冰机时需要考虑两个条件：24小时的制冰量、冰块的大小形状。

（13）扎啤机：扎啤服务设备是由啤酒柜、柜内的啤酒罐、二氧化碳罐和柜上的啤酒喷头，以及连接喷头和罐的输酒管组成，其中，输酒管越短越好。根据酒吧条件，扎啤设备可放在吧台（前吧）下面，也可放在吧台后。如果吧台区域小，扎啤机可放在相邻的储藏室内，用管把酒头引到吧台内。扎啤机操作较简单，只需按压开关就会流出啤酒，最初几杯啤酒泡沫较多是正常现象。

（14）贮藏设备：贮藏设备是酒吧不可缺少的设施。按要求一般设在后吧区域。包括酒瓶陈列柜台，主要是陈放一些烈性名贵酒，既能陈放又能展示，以此来增加酒吧的气氛，吸引客人的消费欲望。另外，还有冷藏柜，用于冷藏酒品、饮料及食品，如碳酸水、葡萄酒、香槟酒、水果、鸡蛋、奶及其他易变质食品等。另外还需要有贮藏柜，大多数用品如火柴、毛巾、餐巾、装饰签、吸管等需要在贮藏柜中存放。

（二）调酒用具的简介

1. 量杯（Jigger）

量杯是在调制鸡尾酒和其他混合饮料时，用来量取各种液体的标准容量杯。它有两种式样：第一种是两头呈漏斗形的不锈钢量杯，一头大，另一头小。最常用的量杯组合的型号有：15 毫升和 30 毫升，45 毫升和 60 毫升。量杯的选用与饮料用杯的容量有关。使用不锈钢量杯时，应把酒倒满至量杯的边沿。第二种是体高且平底而厚的玻璃量杯，上有标准刻度。

用玻璃量杯量酒时，应将酒倒至刻度线处。每次须把量杯内的酒倒尽，然后把量杯倒扣在漏板上，使量杯中剩下的酒沥干，这样不会使不同种类酒的味道混到一起。如果量杯盛过黏性饮料，如牛奶、果汁等，应冲洗干净后再用来量取其他饮料。

2. 酒嘴（Pourer）

酒嘴安装在酒瓶口上，用来控制倒出的酒量。在酒吧中，每个打开的烈性酒都要安装酒嘴。酒嘴由不锈钢或塑料制成，分为慢速、中速、快速三种型号。塑料酒嘴不宜带颜色，使用不锈钢酒嘴时要把软木塞塞进瓶颈中。

3. 调酒杯（Mixing Glass）

调酒杯是一种厚玻璃器皿，用来盛冰块及各种饮料。典型的调酒杯容量为 16～17 盎司。调酒杯每用一次必须冲洗，保持清洁。

4. 调酒壶（Hand Shaker）

调酒壶通常是不锈钢制的，常见的有普通型和波士顿酒壶。将饮料和冰块放入调酒壶后，便可摇混。不锈钢调酒壶形状要符合标准，目前常见的普通型酒壶有 250 毫升、350 毫升和 530 毫升三种型号。

5. 滤水器（Strainer）

有圆形的过滤网，不锈钢丝卷绕在一个柄上，并附有两个耳形的边。它用来盖住调酒杯的上部，两个耳形边用来固定其位置。过滤器能使冰块和水果等酱状物不至于被倒进饮用杯中。另外，还可用尼龙纱网、不锈钢网筛来制作果汁饮料。

6. 酒吧匙（Bar Spoon）

酒吧匙为不锈钢制品，匙浅、柄长并带有螺旋状，用来搅拌饮品用。

7. 冰勺（Ice Scoop）

不锈钢或塑料制成，用来从冰桶中舀出各种不同的冰块。

8. 冰夹

冰夹是用来夹取方冰的不锈钢工具。

9. 碾棒（Muddling Stick）

一种木制工具。一头是平的，用来碾碎固状物或将其捣成糊状，另一头是圆的，用来碾碎冰块。

10. 水果挤压器（Fruit Squeezer）

用来挤榨柠檬或酸橙等水果汁的手动挤压器。

11. 漏斗（Funnel）

漏斗是用来把酒和饮料从大容器（如酒桶、瓶）倒入方便使用的小容器（如酒杯）中的一种常用的转移工具。

12. 冰桶（Ice Bucket）

冰桶是用来盛放冰块的，有不锈钢制和玻璃制两种，型号大小不同。

13. 宾治盆（Punch）

宾治盆是用玻璃制成的，是用来调制量大的混合饮料的容器，容量大小不等。宾治盆有时还配有宾治杯和勺。

14. 砧板（Cutting Board）

酒吧常用砧板为方形，有塑料或木制两种。

15. 酒吧刀（Bar Knife）

酒吧刀一般是不锈钢刀。易生锈的刀不仅会破坏水果颜色，还会把锈迹留在水果上。酒吧常使用小型或中型的不锈钢刀，刀口必须锋利，这不仅是为了装饰的整洁和工作的迅速，而且也是安全的需要。

16. 装饰叉（Relish Fork）

装饰叉是长约25.4厘米（10英寸）、有两个叉齿的不锈钢制品。用它来把洋葱和橄榄放进瓶口比较窄的瓶中。

17. 削皮刀（Zester）

为装饰饮料而专门用来削柠檬皮等的特殊用刀；削柠檬时取皮，而不取皮下的白色部分。

18. 榨汁器（Squeezel）

专门用来压榨含果汁丰富的柠檬、橘、橙等水果。

19. 启瓶罐器（Bottle Opener）

启瓶罐器一般为不锈钢制品，不易生锈，又容易擦干净。

20. 开塞钻（Corkscrew）

用来开启葡萄酒酒瓶上的软木塞，中心是空的，并且有足够的螺旋能完全将木塞启出，其整体用不锈钢制成。开启葡萄酒瓶所用的是一种特殊设计的开塞钻，包括螺旋、切掉密封瓶口锡箔的刀和使木塞容易旋出的杆，形状类似折刀。

21. 服务托盘（Service Trays）

服务托盘是圆形的。酒吧服务托盘盘面应是防滑的，以防酒杯滑动。

22. 账单托盘（Tip Trays）

酒吧习惯称账单托盘为小费盘，是用来呈递账单、找还零钱和验收信用卡的，服务员也可用它收取客人留下的小费。

23. 鸡尾酒垫（Cocltail Naplin）

垫在饮料杯下面供客人用。

24. 吸管（Straw）

用于长饮杯饮料中。

25. 装饰签（Tooth Picks）

用于串上樱桃点缀酒品。

任务3 认知载杯

酒吧用杯非常讲究，不仅要求型号即容量大小与饮料标准一致，对材质和形状也有很高的要求。酒吧常用酒杯大多是由玻璃和水晶玻璃制作的，在家庭酒吧中还有用水晶制成的。不管材质如何，首先要求无杂色，无刻花、印花，杯体厚重，无色透明，酒杯相碰能发出金属般清脆的声音，光泽晶莹透亮。高质量酒杯不仅能显示出豪华和高贵，而且能增加客人饮酒的欲望。另外，酒杯在形状上有非常严格的要求，不同的酒用不同形状的杯来展示酒品的风格和情调。不同饮品用杯大小容量不同，这是由酒品的分量、特征及装饰要求来决定的。合理选择酒杯的质地、容量及形状，不仅能展现出其典雅和美观，而且能增加饮酒的氛围。酒吧须准备的杯子及其容量规格如下：

1. 果汁杯（Juice）

主要供盛载果汁之用。

2. 古典杯（Old Fashioned）

古典杯底部厚重，杯壁厚实，一般容积300毫升。手感冰冷、强硬。古典杯多用于盛载加冰块的烈性酒，特别是威士忌；还可用于鸡尾酒。很多人感觉，稳重大方的古典杯有一股男子汉的气概。

3. 海波杯（Highball）

多用于盛载长饮酒或软饮料。

4. 高杯（Tall）

外形与海波杯（Highball）相似，但长度与容量较大，以盛载软饮料为主。

果汁杯

古典杯

海波杯

高杯

5. 坦布勒杯（Tumbler）

坦布勒杯一般是指直杯（CUP）。以前，一般是用动物的角来做酒杯，因其底部不平容易倾倒，所以叫“坦布勒杯”。现在，以8盎司的容量为标准杯，多用于盛载长饮酒或软饮料。

6. 沙瓦杯（sourglass）

可作为香槟杯使用。是杯口窄而杯身细长，略带弧度的玻璃高脚杯。用于酸鸡尾酒的盛载，不宜加冰块。用威士忌或杏仁酒加上特制的柠檬汁，充分混淆后放入沙瓦杯中别有一番风味。

坦布勒杯

沙瓦杯

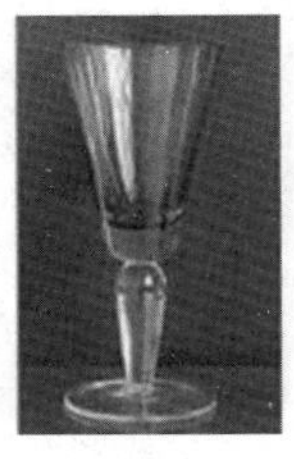
高脚水杯

普通啤酒杯

7. 高脚水杯（Goblet）

水杯，底部有柄，上身呈圆弧状的水杯，为一般餐厅常见的杯子。多见于豪华西餐厅，主要用于盛载矿泉水及冰水。

8. 普通啤酒杯（Standard）

盛载啤酒之用。平底、高腰流线型，杯口阔，容积500毫升。小麦啤酒浓稠、味香，泡沫丰富，阔口杯是为了使其酒香和泡沫充分溢至杯口。

9. 带柄啤酒杯（Mug）

主要用于盛载生啤酒。容积有500毫升和1000毫升等。在我国一般把这种啤酒杯称为“扎”，来自英文draft，但draft是散装啤酒的意思，并不特指啤酒杯。

10. 白兰地酒杯（Snifter）

主要用于盛载白兰地酒，是杯口小、腹部宽大的矮脚酒杯。杯子实际容量虽然很大（240～300毫升），但倒入酒量不宜过多（30毫升左右），以杯子横放时酒在杯腹中不溢出为量。白兰地杯天生就有一种贵族的气息。圆润的身材可以让百年琼浆的香味全部存留于杯中。饮用时常用手中指和无名指的指根夹住杯柄，让手温传入杯内使酒略暖，从而增加酒意和芳香。

11. 利口酒杯（Liqueur）

外形矮小，底部有短握柄，上方呈圆直状，用于盛载利口酒。

12. 甜酒杯（Pony）

外形矮小，底部有短握柄，上方呈圆直状，开口平直，多用来盛载利口酒和甜点酒。

带柄啤酒杯

白兰地酒杯

利口酒杯

甜酒杯

13. 酸酒杯（Sour）

底部有握柄，上方呈倒三角形，且深度较鸡尾酒杯深，用于盛载酸味鸡尾酒和部分短饮鸡尾酒。

14. 雪莉酒杯（Sherry）

主要用于盛载雪莉酒。

酸酒杯

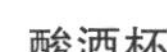

雪莉酒杯

白葡萄酒杯

红葡萄酒杯

15. 白葡萄酒杯（White Wine）

底部有握柄，上身较鸡尾酒杯略深，且呈弧形，主要用于盛载白葡萄酒和用其制作的鸡尾酒。

16. 红葡萄酒杯（Red Wine）

底部有握柄，上身较白葡萄酒杯为深，且更为圆胖宽大，主要用于盛载红葡萄酒和用其制作的鸡尾酒。

17. 郁金香形香槟酒杯（Tulip）

盛载香槟酒和香槟鸡尾酒之用。因香槟酒本身是白葡萄酒，所不同的是发泡，所以，饮用香槟也使用葡萄酒杯器型的玻璃酒杯，只是比葡萄酒杯的整体更趋于流线型，杯身细长，状似郁金香花，杯口收口小而杯肚大。一般用于饮用法国香槟地区出产的香槟酒以及其他国家和地区出产的葡萄汽酒。可细饮慢啜，并能充分欣赏酒在杯中起泡的乐趣。

18. 笛形香槟酒杯（Flute）

主要供盛载香槟酒和香槟鸡尾酒之用。

19. 潘趣酒杯（Punch）

有的有把无脚，有的有脚无把，容量为4盎司以上，供盛载潘趣酒之用。

20. 鸡尾酒杯（Cocktail）

鸡尾酒杯（即浅碟香槟杯）北美型杯身为三角形，也多用于盛载“马天尼”，所以又叫“马天尼杯”。

郁金香形香槟酒杯

笛形香槟酒杯

潘趣酒杯

鸡尾酒杯

21. “玛格丽特”杯

鸡尾酒杯（即浅碟香槟杯）欧洲型杯身圆润，因为多用于盛载鸡尾酒“玛格丽特”，所以叫“玛格丽特”杯。

22. 柯林杯

柯林杯又称高筒杯，呈高圆筒状。用于盛载威士忌加苏打水或金酒加果汁等简单的饮料，也可以盛载卡林鸡尾酒或盛放果汁、汽水等。容量为240～360毫升，筒身更高的称为烟筒杯。

玛格丽特杯

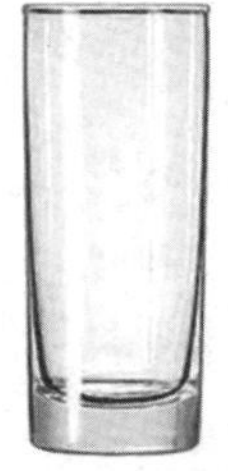

柯林杯

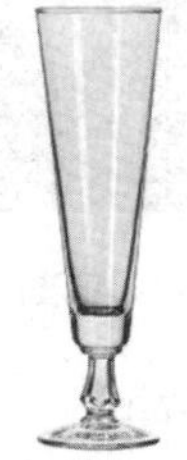

皮尔森杯

品特杯

23. 皮尔森杯

皮尔森杯专门用来盛载淡啤酒，器型小，容积在250毫升左右。

24. 品特杯

这种啤酒杯容积为1英制品特，大约为568毫升，一般用于盛载黑啤酒和英式涩啤酒。

25. 水杯

水杯，一般而言，除特定用途酒杯之外，均可作为水杯。常见的水杯杯身可分斜、直两种，多用于盛载长饮酒或软饮料。

26. 镂花水晶杯（Crystal）

按传统的方法，人们是用一个小的镂花玻璃酒杯来喝威士忌。通常的摆放形式是，一个装满威士忌的镂花玻璃酒壶置于中间，四周围放几个玻璃酒杯，由于光线的折射作用，杯中的威士忌从金黄色变为红宝石色直至琥珀色，这种色泽的变化很美。爱丁堡水晶制品公司制作这种镂花水晶杯已有125年的历史，最早可追溯到17世纪。

27. 钵酒杯（Port）

主要用于盛载钵酒。

水杯

镂花水晶杯

钵酒杯

模块小结

（1）酒吧中常用设备的基本特性有哪些？

（2）酒吧中调酒用具有哪些种类？

（3）鸡尾酒载杯有哪些种类？

项目三　鸡尾酒调制

【案例导入】

鸡尾酒的英国血统

说到五彩缤纷的鸡尾酒，人们总会情不自禁地联想到美国，殊不知鸡尾酒与伦敦的渊源远比我们想象中的要深远。

蒸馏酒的兴起

鸡尾酒一般含有至少一种蒸馏酒，而蒸馏酒的兴起，与 17 世纪的伦敦有密不可分的关系。17 世纪后期，伦敦开始从饮用发酵酒转向饮用蒸馏酒——后者通过蒸馏浓缩，将含糖物质中的糖，经发酵转化为乙醇，酒精含量较高。威廉国王即位时，英国正是喜忧参半：连年的好收成，使谷物丰余、价格下跌。那时，霍乱、痢疾、伤寒等水传疾病，是英国最常见的致死原因。唯一知道的预防方式，就是每日摄入酒精。早餐搭一小杯啤酒，也成为常态。因此，为了国民生计和健康，威廉国王在蒸馏酒上减税。

第二年，英国蒸馏酒厂产出大约 50 万加仑谷物烈酒。时光流转，到了 18 世纪 20 年代，仅伦敦的蒸馏酒厂已产出 2000 万加仑烈酒。据估计，伦敦每四间可居住的建筑中，就有一间带有金酒蒸馏器。威廉霍加斯著名的蚀刻板画《金酒街》（Gin Lane），渲染了滥饮金酒带来的贫穷、罪恶。

鸡尾酒的起源

根据 2010 年的新发现，“Cocktail”一词最早使用于伦敦一份早已不发行的报纸“The Morning Post and Gazetteer”。带有鸡尾酒谱的章节的第一本书，由美国康涅狄格州人 Jerry Thomas 于 1862 年写成，早于 1869 年由 William Terrington 所著的第一本英国关于鸡尾酒如何调制的书。然而，这个被历史学家称为现代调酒之父的美国人，之前曾在伦敦工作，他的酒谱深受这里法式大厨的影响。

随着美国日渐富裕，游览伦敦的美国人日益增多。一些在伦敦美式酒吧工作的英国调酒师，发现鸡尾酒深受欢迎，便创造出数不清的新品种。其中许多迅速传入美国，继而才以“美国饮品”的身份传入欧洲其他国家。

禁酒令与鸡尾酒

美国禁酒令（Prohibition）时期，违禁生产的酒，质量大不如前。卖家通过加入蜂蜜、果汁等调味料，掩盖劣质酒的味道。甜甜的酒更易下咽，以防随时可能出现的搜查。同时，失业的美国调酒师和饥渴的美国游客大量涌入伦敦，以求一杯解瘾。Harry Craddock，便是在那时从美国漂洋过海，来到现今依旧著名的伦敦鸡尾酒吧 The Savoy，成为首席调酒师。他深受媒体钟爱，号称“调制了美国最后一杯合法的鸡尾酒”，并拥有一个令人垂诞的宝箱——其中的2000张酒谱，后来成书并不断被翻印，流传于后世的调酒师之间。

【学习目标】

知识目标：

1. 掌握鸡尾酒调制的准备工作、常用的鸡尾酒调制方法、基本的调酒服务、装饰物的制作。

2. 掌握鸡尾酒调制服务流程及礼仪，熟悉语言技巧。

3. 掌握知名鸡尾酒的调制流程。

能力目标：

1. 能够调制几款简单的鸡尾酒。

2. 根据不同的场合提供调制鸡尾酒服务。

鸡尾酒是一类特殊的混合酒，它由一种或一种以上的基酒配以多种果汁等液态调料和糖等固态调料，并用樱桃等水果或芹菜等物料点缀而成，是集色、香、味、格、卫及综合艺术于一体的艺术酒品。其中，鸡尾酒以朗姆酒（Rum）、金酒（Gin）、龙舌兰（Tequila）、伏特加（Vodka）、威士忌（Whisky）等烈酒或是葡萄酒作为基酒，再配以果汁、蛋清、苦精（Bitters）、牛奶、咖啡、可可、糖等其他辅助材料，加以搅拌或摇晃而成，最后还可用柠檬片、水果或薄荷叶作为装饰物。不论是聚会还是旅游，鸡尾酒都是冰镇可口的极好饮品。

鸡尾酒的特点：增进食欲；能振奋精神，活跃气氛；具有良好的口味，不会过甜、过苦、过香，以免掩盖味蕾感知酒味的能力；应足够的冷冻，以保持独特的风味。经过近两个世纪的演变，鸡尾酒已经渗透到世界的每个角落，它之所以长盛不衰，主要在于其本身的魅力。200年来人们对它不断改良和发展，使其成为一个拥有数千个品种的庞大家族。它变幻万千的色彩和口味，使人耳目一新的饮法，绚丽的装饰，各异的载杯，无不吸引着人们在这个神秘的世界里猎奇、流连和探索。

首先，鸡尾酒是一种富有文化内涵、充满艺术色彩的酒品，每款酒应表达某种主题思想，如体现爱情、亲情、友情等，通过无声的鸡尾酒展现有形的喜怒哀乐，对社会，对生活，对周围的人和事，传达关爱、关注、参与、行动的思想理念。其次，鸡尾酒是一种展现自由精神的完美载体，鸡尾酒具有无限的创意空间，对美的追求，对自由的向往，对未来的期盼，世界上有数以千计的酒和数以万计的饮料，可以调制出任意花色品种的鸡尾酒，没有什么原则上的规律，只有细节上的精雕细琢，鸡尾酒所能包容的是如此的博大，鸡尾酒的文化可说是自由的浪漫主义的写意。最后，鸡尾酒也是流行文化的代表，它发源于美国，根植于欧洲人的酒文化背景之中。在美国，它就像爵士乐、苹果派或橄榄球一样流行；在电视、杂志和电影里，常可以看到人们在尽情地享受鸡尾酒。

任务1　鸡尾酒调制准备工作

一、杯具、调具的清洁

酒杯和调酒用具的清洁与否直接关系到消费者的饮食健康与否。严格遵守清洁卫生管

理制度，是酒吧调酒师职业道德规范的基本要求。作为调酒师，每天都应严格地对酒杯和调酒用具进行清洁、消毒，即使对没有使用过的器具也不应例外。另外，在清洁酒杯、调酒用具的同时，应认真检查酒杯有无破损，如有破坏应立即剔除。

（一）杯具的清洗流程

杯具是酒吧最主要的服务设施之一。由于酒吧使用的杯具种类较多，质地和形状各异，杯具的清洁就成为酒吧开吧准备和日常对客服务的主要工作内容之一。酒吧使用的杯具通常是在酒吧直接清洗，或送至与酒吧邻近的洗涤区域清洗，只有极少数酒吧会将使用的杯具拿到饭店的洗碗间集中洗涤、消毒。杯具洗涤的基本步骤为四步：冲、洗、消毒、擦干。

1. 冲洗

杯具的冲洗分两部分，首先将杯中的剩余酒水饮料、鸡尾酒的装饰物、冰块等倒掉，然后用清水简单冲刷一下，又称预洗。

2. 浸泡清洗

将经过预洗的杯具在放有洗涤剂的水槽中浸泡数分钟，然后再用洗洁布分别擦洗杯具的内外侧，特别是杯口部分，确保杯口的酒渍、口红等全部洗净。对一些像 Highball、Collins 等的高身直筒杯，一些高级酒吧配备了专门的自动洗杯毛刷机来清洗杯具的内侧和底部。

3. 消毒

洗净的杯具有两种消毒方法，一是化学消毒法，即将清洗过的杯具浸泡在专用消毒剂中消毒；另一种方法是采用电子消毒法，即将杯具放入专门的电子消毒柜进行远红外线消毒处理。

4. 擦干

首先准备干净的擦杯布，在冰桶内放 2/3 桶的开水，准备一个干净的托盘，用于放置干净的玻璃杯。将玻璃杯放在热水中浸泡，泡好后拿出、晾干，经过洗涤、消毒（电子消毒的杯具除外）的杯具必须放在滴水垫上沥干杯上的水，然后用干净的擦杯布将杯具内外擦干，注意手指不能直接接触到玻璃杯。将擦过的玻璃杯倒放在托盘上或插入干净的杯筐中备用。经过洗涤和擦拭的杯具要干爽、透亮、无污迹、无水迹。

（二）调具的清洗流程

调酒用具主要包括调酒壶、量酒器、吧匙等工具。调酒用具通常由不锈钢制成，调酒用具清洁与否直接关系到酒品的卫生和客人的健康，原则上每次使用过后都必须清洗擦净，以备下次再用。在开吧准备工作中，清洁调酒用具也是一项非常重要的工作，每天开吧营业前都必须将各种调酒用具彻底清洗、消毒，以备营业中使用。

1. 冲洗

每次调完酒后，要将剩余的倒掉，然后用清水将各种调酒用具冲洗一遍。

2. 浸泡、漂洗

用清洁剂将调酒用具浸泡数分钟，然后再清洗干净。对调酒壶、量酒器内侧需用清洁布仔细擦洗，不留任何污渍和酒渍。调酒壶的过滤网容易残留酒渍，清洁时须重点洗刷。

3. 消毒

将经过洗涤的调酒用具放入专用消毒剂或电子消毒柜中消毒。

4. 擦干净

若酒吧采用化学消毒法，则需将经过消毒的调酒用具取出，用清水冲净、擦干；若采用电子消毒法，则只需将消过毒的调酒用具从电子消毒柜中取出，放在干净的工作台备用。在一些较正规的酒吧里，吧匙通常是放在苏打水中保存，随用随取。

二、鸡尾酒调制所需物品

（一）制作器皿

鸡尾酒的常用制作器皿有二十多种。最常用的有冰筒、冰夹、标准调酒器、盐瓶、过滤器（又称虑隔器）、鸡尾酒饮管、调酒勺、水果刀、搅拌杯、搅拌棒、量器等。其中，吧匙、量杯、冰夹等要浸泡在干净的水槽中，杯垫架内的杯垫应补充齐全，吸管、调酒棒和鸡尾酒签也应按酒吧规定放入专用器皿中并在工作台上摆放整齐。

（二）常用基酒

基酒又名酒基、底料、主料。基酒在鸡尾酒中起决定性的主导作用，是鸡尾酒中的当家要素。鸡尾酒是在一定的基酒基础上调制出来的，但是，完美的鸡尾酒绝不是基酒的独角戏，需要基酒有广阔的胸怀，能容纳各种加香、呈味、调色的材料。最常用的是以下六大基酒，还有利口酒。

（1）杜松子酒（Gin）。鸡尾酒的无冕之王，又名金酒/琴酒/毡酒。

（2）来自热带水果的朗姆酒（Rum & Cacllaca）。

（3）经典——伏特加（Vodka）原味鸡尾酒。

（4）古典浪漫的威士忌（Whisky）。

（5）贵族风范的男人——白兰地（Brandy）。

（6）甘美刺激——龙舌兰（Tequila）。

（三）辅助性原材料

在酒吧正式营业前，应将各种酒水供应所需要的辅助性原材料提前制作妥当，并按照要求整齐地摆放在工作台上。这样，可以有效地提高服务效率，缩短客人等候时间，增加客人的满意程度。酒吧酒水供应所需要的辅助性原材料主要包括装饰性配料、调味类配料、热水、冰水、冰块、各种糖浆等。

1. 装饰性配料

酒吧供应酒水时的装饰性配料主要指柠檬、鲜橙、菠萝、车厘、小甜瓜、罐装橄榄等水果原料以及部分小型花朵（如泰国兰）等。不同的水果原材料可构成不同形状的装饰物。在使用过程中，要注意使用的水果无论从色泽与口味上均应与酒液保持和谐一致，给人以赏心悦目的艺术享受。柠檬片和柠檬角应预先切好排放在餐碟里，用保鲜纸封好备用；红（或绿）车厘从包装罐中取出后，使用冷开水冲洗放入杯中备用；橙角和甜瓜片也应预先切好排放在餐碟里，用保鲜纸封好备用。总之，凡是酒吧在营业期间所要使用的水果装饰物均应按照标准，在营业前做好一定的初期加工准备，以免影响正常对客服务时的工作效率。

2. 调味类配料

酒吧供应酒水时的调味类配料主要指豆蔻、精盐、砂糖、辣酱油、各种口味的糖浆等。在营业前准备过程中，应将上述配料按酒吧酒水供应配套要求提前准备充足，以备营业期间使用。在选择调味类配料时，应注意选择质量较好的。丁香应注意其完整性，以保持装饰美观；豆蔻应提前加工一些为粉状以备使用。

3. 冰块

由于在补充酒水时已经将制冰机启动，所以在酒吧正式营业前，一般第一批冰块已经制作完成。这时，可用冰铲将冰块从制冰机中取出放入工作台的冰块池中备用。如酒吧没有冰块池，可以将取出的冰块放入有盖子的冰桶内，以备营业期间使用。无论放入冰块池还是冰桶内，都应注意在整个营业期间内保持其足够的冰块数量。

任务2　鸡尾酒调制的方法

一、鸡尾酒调制的方法

鉴于鸡尾酒的各种成分可以随意地进行搭配，所以常用的鸡尾酒调制方法包括以下四种：

1. 摇和法（Shake）

摇和法是调制鸡尾酒最普遍而简易的方法，将酒类材料及配料、冰块等放入摇酒壶内，用劲来回摇动，使其充分混合即可，能去除酒的辛辣，使酒温和且入口顺畅。配制时，在摇酒壶的下部装入3/4的冰块，在冰的空隙中的水要小心地倒出来，把配料倒入摇酒壶中，并将摇酒壶紧密地盖好。摇酒壶要摇晃10秒左右，绝对的完美是不可能做到的，折中的方案就可以了，摇晃的时间越长，混合越均匀，冷却越好，但是，冰融化的也就越多。摇晃的时间越少，均匀度和冷却的效果就越不理想，但是冰融化所产生的水就越少，对酒的稀释就越少。摇动摇酒壶时，就会倾听到冰发出的声音，由于冰的融化，声音会发生变化。通过“摇酒壶的音乐”，我们能知道停止搅拌、进行过滤和装杯的最佳时机。为了避免过多的损失，最好不从酒类饮料开始混合。最先倒入摇酒壶的是果汁，然后是酒类饮料，最后依次倒入各种辅料。

采用“摇晃”手法调酒的目的有两种，一是将酒精度高的酒味压低，以便入口；二是让较难混合的材料快速地融合在一起。因此在使用摇酒壶时，应先把冰块及材料放入壶体，然后加上滤网和壶盖。滤网必须放正，否则摇晃时壶体的材料会渗透出来。摇法有单手摇、双手摇（左右手不同，手掌不接触壶身，胸前左斜上方—胸前—左斜下方—胸前右斜上方—胸前—右斜下方—胸前）。一般来回摇5~10次，手指感到冰凉，且外壳出现雾气或霜即可。若有鸡蛋或奶油必须多摇几次，使蛋清能与酒液充分混合。摇匀后立即轻轻打开壶盖，让饮料滤入酒杯之中。

器材：摇酒壶、量杯、酒杯、隔冰器。

要诀：摇动时速度要快并有节奏感，声音才会好听。

2. 搅和法（Blend）

将所需的酒及辅材料倒入已放置冰块的调酒杯内，用调酒匙的背部贴着杯壁，在杯内沿一定方向缓缓搅拌。此时，另一只手要握紧调酒杯，转5~6圈后，当手感到冰冷时，调酒杯外有水汽析出，即表示已达到冷却度，便可以通过滤酒器倒入相应的载杯内。常用在调制烈性加味酒时，例如马丁尼、曼哈顿等酒味较辛辣、后劲较强的鸡尾酒。使用搅拌的方法，以鲜奶油、新鲜水果、冰等原料为基础，可以制成更加浓稠的鸡尾酒；相反，则可制成有泡沫的轻质鸡尾酒。

另外，还可以用搅拌机调酒，操作比较容易，只要按顺序将所需材料放入搅拌机内，封严顶盖，启动一下电源开关即可。不过，在调好的鸡尾酒倒入载杯时，要注意不要把冰块随之倒进，必要时可用滤冰器先将冰块滤掉。

器材：调酒杯、调酒匙、量杯、隔冰器、酒杯。

3. 兑和法（Buid）

兑和法是将配方中的酒水按分量直接倒入杯里，不需搅拌或做轻微的搅拌即可。但有时也需要用酒吧匙贴紧杯壁慢慢地将酒水倒入，以免冲撞混合（如彩虹鸡尾酒）。通常所用的长饮都是用这种方法来制作的，这些长饮中不含有比重大的糖浆、奶油，且使用少量的辅料成分（不多于三种）。例如，螺丝刀（Screwdriver）、金汤力（Gin Tonic）、血腥玛丽（Bloody Mary）等经典混合饮料。

配制时，放几块冰到大酒杯中，把鸡尾酒规定的成分依次倒入。如果配方中规定要加入碳酸饮料，就要使它们混合在一起。当然，碳酸饮料不宜长时间搅拌，做好的鸡尾酒稍作装饰就可以销售了。此种调制方法，做法非常简单，只要材料分量控制得好，初学者也可以做得很标准。操作时注意：密度最大的酒放在下层，倒酒时要沿着杯壁缓慢倒入。

器材：酒杯、量杯、夹冰器。

兑和法的演示品种：天使之吻。

原料：咖啡甜酒 21 毫升，牛奶 7 毫升。

制作方法：（1）先在杯中倒入咖啡甜酒；

（2）把牛奶顺吧勺全部倒入；

（3）用酒签串红樱桃装饰。

注意事项：（1）咖啡甜酒和牛奶的比例要合理；

（2）手法要轻，保证层次分明。

4. 调和法（Stir and Strain）

调和法有两种，即调和、调和与滤冰。调和是把酒水按配方分量倒入杯中，加进冰块，用酒吧匙搅拌均匀。搅拌的目的是在最稀少的情况下，把各种成分迅速冷却混合。这种调法调制的酒水多用卡伦杯或海波杯盛装。

调和与滤冰是把酒水与冰块按配方分量倒进调酒杯中以酒吧匙搅拌均匀后，用滤冰器过滤冰块，将酒水斟入酒杯中。具体操作要求是：用左手握杯底，右手按“握笔”姿势，使吧勺勺背靠杯边按顺时针方向旋转。搅动时只有冰块转动声。搅拌五六圈后，将滤冰器放在调酒杯口，迅速将调好的酒水滤出。这种方法调制的酒水一般用鸡尾酒杯盛装。

配制时，用大高脚杯混合（摇酒壶的底部也可代替）。加入半杯冰，然后把化出的水倒出，尽可能没有剩余。按配方依次往大高脚杯中倒入各种配料，用吧匙搅拌，把他们混合在一起。然后用滤冰壶把冰滤掉，制好的鸡尾酒倒入高脚杯中。如果鸡尾酒需要加冰，就应该使用新鲜的冰，而不用在高脚杯中混合过的冰。

调和法的演示品种：马天尼。

原料：金酒 28 毫升，干马天尼 7 毫升。

制作方法：（1）先在调酒杯中加入冰块。
（2）把金酒和干马天尼倒入调酒杯中，搅拌均匀。
（3）用过滤器把酒水倒入鸡尾酒杯中，用橄榄装饰。

注意事项：（1）酒的比例要标准。
（2）注意搅拌的时间，要充分混合并且变凉。但时间不能过长，防止酒液被稀释。

二、调制鸡尾酒注意事项

任何工作都有它的经验和技巧，调酒也不例外，如果能将这些经验和技巧加以总结和理解，并熟练地运用到调酒工作中去，那么对调酒水平的提高是大有裨益的。

（1）在调制鸡尾酒之前，要将酒杯和所有材料等预先准备好，以方便使用。在调制过程中，如果再耗费时间去找酒杯或某一种材料，那是调不出一杯高质量鸡尾酒的。

（2）鸡尾酒中所使用的蛋白，是为了增加酒的泡沫和调节酒的颜色，对酒的味道不会产生影响。

（3）使用的原材料要新鲜，特别是奶、蛋、果汁等。

（4）始终要在一个单独的杯子中打开鸡蛋，以检查其新鲜程度。

（5）年轻调酒师，在操作过程中要学会使用量酒器，以保证所调制的酒的风格与品味的纯正。

（6）调酒器具要经常保持干净、清洁，以便随时取用而不影响连续操作。

（7）调酒人员必须保持一双非常干净的手，因为在许多情况下是需要用手来直接制作的，手是客人注视的焦点。

（8）装饰用水果一定要新鲜，隔天的水果即使用了保鲜膜（已加工完毕的水果）也不能使用。

（9）罐装的装饰用水果如樱桃等，要根据当天的使用量提前用清水冲洗干净，用保鲜膜封好，放入冰箱备用。

（10）鸡尾酒装饰要严格遵循配方要求，自创酒的装饰也要本着简单、和谐的原则，装饰只是一种陪衬或者是一种辅料，不可使其喧宾夺主。

（11）在调酒操作过程中，应尽量避免用手接触装饰物。

（12）调酒所用的冰块应尽量新鲜。新鲜的冰块质地坚硬，不易融化。

（13）下料程序要遵循先辅料、后主料的原则。这样，如果在调制过程中出了什么差错，造成的损失不会太大，按此下料程序能将冰块的融化程度缩小到最低。

（14）绝大多数的鸡尾酒要现调现喝，调完之后不可放置太长时间，否则将失去其应有的韵味。

（15）调制热饮酒，酒温不可超过78℃，因为酒精的蒸发点是78℃。

（16）在使用玻璃调酒杯时，如果当时室温较高，使用前应先将冷水倒入杯中，然后加入冰块，将水滤掉，再加入调酒材料进行调制。其目的是防止冰块直接进入调酒杯中，产生骤冷骤热变化而使玻璃杯炸裂。

（17）在调酒中所使用的糖块、糖粉，要先在调酒器或酒杯中用少量水融化，再加入其他材料进行调制。

（18）类似于苏打水之类的含汽饮料是绝对不能在摇酒壶和电动搅拌器里摇动和搅拌的。

（19）酒杯要保持光洁明亮，一尘不染，要始终拿杯柄或底部，手不要靠近杯口，更不可伸进杯里。

任务3　调酒

一、鸡尾酒调制服务标准

调酒师接到点酒单后要及时调酒，调酒时要注意姿势正确，动作潇洒、自然大方。调酒师调酒时，应始终面对客人，去陈列柜取酒时应侧身而不要转身，否则被视为不礼貌。

（1）准备好摇酒壶、滤冰器（有些自带滤冰器的摇酒壶就不需要单配一个滤冰器了）、吧勺、盎司杯、冰铲等器具；准备需要用的酒品、辅料以及装饰。

（2）调酒师调酒时要按规范操作，用冰铲在摇酒壶的壶身中加入冰（冰的量要根据杯子大小和摇酒壶大小而定），然后用盎司杯量取辅料（如果汁、牛奶等），倒入摇酒壶身，然后依次是辅酒、基酒，最后放上杯饰。

（3）如果需要盐边、糖边的话要在调制酒品之前用柠檬油擦一圈杯边，然后把盐或者糖倒在一个平整的面板上，把杯子倒过来转圈蘸取。

（4）严格按配方要求调制，如客人所点的酒水单上没有，应征询客人的意见而决定是否需要。

（5）调制好的酒应尽快倒入杯中，对吧台前的客人应倒满一杯，其他客人斟倒八成满即可，若要斟一杯以上的酒，应将酒杯整齐排列在吧台上，然后由左至右反复斟倒，使各杯的酒水浓度均匀。

（6）随时保持吧台及操作台的卫生，用过的酒瓶应及时放回原处，调酒工具应及时清洗。

（7）当吧台前的客人杯中的酒水不足1/3时，调酒师可建议客人再来一杯，起到推销的作用。

（8）掌握好调制各类饮品的时间，不要让客人久等。

二、饮料调制服务标准

调酒师应该谙熟相当数量的鸡尾酒和其他混合饮料的配制方法，这样才能做到胸有成竹、得心应手，但如果遇到客人点陌生的饮料，调酒师应该查阅酒谱，不应胡乱配制。在向客人提供饮料服务过程中，始终保持微笑；取杯具时手指不碰触杯口，握在杯具2/3以下或杯脚部分；提供每份饮料时应同时报饮料名，提供杯垫、餐巾纸或口布；客人中有女士的，女士优先。调制饮料的基本原则是：严格遵照酒谱要求，做到用料正确、用量精确、点缀装饰合理优美。按照调制方法，混合饮料可分成以下三大类。

1. 直接在酒杯中调制的饮料

这类饮料通常使用高飞球杯、古典杯、柯林杯，皆为无柄的直身杯，而它们往往就是饮料本身的名称。调制这类饮料时，酒杯必须洁净无垢，先放入冰块，冰块的用量不可超过酒杯容量的2/3。调酒师必须养成良好的习惯，任何时候都不用酒杯直接取冰。然后用量杯量取所需的基酒，倒入酒杯，接着注入适量配料，最后用棒轻轻搅拌，再按配方要求加以装饰点缀，便可端送给宾客。

2. 在调酒壶中调制的饮料

使用调酒壶的目的有三点：摇动调酒壶使各种原料充分混合；摇动过程中饮料与冰块充分接触使饮料温度降低；摇动过程中冰块融解从而增加饮料成品的分量。这类饮料的调制过程如下：先将冰块放入调酒壶，接着加入基酒，再加入各种配料，必须注意，有些带汽的饮料如各种汽水不宜作为此类混合饮料的配料；然后盖紧调酒壶，双手执壶用力摇动片刻；摇匀后，打开调酒壶用滤冰器滤去残冰，将饮料滤入鸡尾酒杯中，加以装饰点缀，即为成品。如有宾客要求这类饮料加冰饮用，则应事先准备冰饮杯如古典杯，并加入新鲜冰块，再将饮料滤入，并做同样点缀即可。

3. 在调酒杯中调制的饮料

这类饮料的调制过程几乎与第二种完全相同，由于这类饮料中通常有酿造酒，如以葡萄酒等作为基酒或配料，因而不适宜大力摇动，只能使用调酒杯并用搅棒搅拌。

三、鸡尾酒调制注意事项

（1）按配方调制，口味力求标准。

（2）载杯应先擦拭光洁。

（3）冷却速度要快，使酒液尽快冷下来，否则冰易化掉。

（4）摇晃时，动作要快且有力，才能使酒充分混匀。

（5）冰块不可太小、太少，太碎的冰块很快融化，只适合电动搅拌机。

（6）新鲜水果的切片不可太薄，切妥后用清洁湿布或保鲜纸覆盖，置冰箱待用。同时，切果皮时，内层的白囊应切除。

（7）用最好的苏打水和干姜水调配，劣质原料只能将酒味变坏。

（8）配方中的苦精或其他配料，分量约1/6茶匙（3～4滴）。

（9）柠檬和橘子最好在挤汁前用热水泡过，可产生较多的汁。

（10）酒杯在使用时须冰凉，如需做雪糖杯，可先使杯口润湿，再将杯口倒置于糖粉中旋转一圈。

（11）冰块上有结霜现象时，可用温水除去，某些高杯饮料采用彩色冰块，可增加美观，引人注目。

（12）用蛋清的目的，只是为了增加酒的泡沫。

（13）调酒器中如有剩余的酒，应将冰块取出，以免过分稀释。

（14）鸡尾酒调好后，应立即滤入载杯。

（15）调搅拌的酒，使用大的调酒杯及冰块；摇荡的酒，要使用摇酒壶及大冰块。

（16）鸡尾酒本身特点就在于摆脱自然属性的束缚，配方是可改变、可完善的，口味的改变完全在于“你”的需求与创意。

四、调制鸡尾酒的十条准则

（1）使用质量最上乘的原料。

（2）切记水的重要作用，任何时候都不要直接用自来水制冰。

（3）水果或果汁一定要现用现做。

（4）如果一种鸡尾酒中加入了浓度为40%的蒸馏酒，那么它的总量（包括配料），体积不要超过70毫升。

（5）不要将谷物酒和葡萄酒混合在一起。

（6）要遵守配方规定的程序，如果可以的话，要在最后加入最贵的原料。

（7）任何时候都不要在摇酒壶中混合碳酸饮料，也不要将其加入高脚杯中。

（8）鸡尾酒在摇酒壶中的时间越长温度越低，酒的浓度也随之降低。

（9）如果你用摇酒壶或者是高脚杯混合出几份鸡尾酒的话，那么不要把高脚杯一下子填得满满的，要逐渐一一倒满，以使每个杯中的分量相同。

（10）承认自己的错误没有什么可耻的，失败乃成功之母。

任务4　装饰物制作

一、装饰物分类

在鸡尾酒的外观与造型方面，装饰物是不可或缺的重要因素。饮品装饰是通过装饰物来实现的，要进行装饰首先要了解装饰物的分类。

1. 点缀型装饰物

大多数饮品的装饰物都属于这一类。这类装饰物要求体积小，颜色与饮品协调，同时尽量与饮品的原味一致。点缀形装饰物多为水果，常见的有橄榄、菠萝块、草莓、酒渍樱桃（用高度蒸馏酒浸泡过的樱桃）、糖渍樱桃、新鲜樱桃、柠檬、柠檬皮旋片（又窄又长的柠檬皮，卷成螺旋状，它不只是给人以赏心悦目的感觉，而且能给鸡尾酒带来芳香的气味）、青柠檬、橙子、葡萄柚片、新鲜菠萝片、绿色洋橄榄（用于马天尼）、薄荷（用于莫吉托）、醋渍小葱头、嫩芹菜杆（用于血腥玛丽 Bloody Mary）等。

要记住，装饰不能影响鸡尾酒，不要为了减少以后的工作量，而事先把水果切好，因为这样水果就不新鲜了。如果想用苹果（小玫瑰花、羽毛等）做装饰，就要和制备鸡尾酒的过程同时进行，否则苹果就会变黑。通常，专业的鸡尾酒不用纸质的小伞、小灯、小旗子等做装饰，但有些疗养胜地除外。

2. 调味型装饰物

主要是由特殊风味的调料和水果来装饰饮品，对饮品的味道会产生影响。调味形装饰物有两类：一是调料装饰物，常见的有盐、糖粉、豆蔻粉、桂皮、胡椒、辣酱油（Tabasco）、伍斯特郡辣酱油（Worcestershire）等；二是特殊风味的果蔬装饰物，如玫瑰、热带兰花、薄荷叶、鸡尾洋葱、芹菜、橙树花、肉豆蔻果、香味浓烈的石竹等，这些果蔬植物装饰在饮品中，对饮品的味道能产生一定的影响。在许多鸡尾酒的配方中还要加入鸡蛋、鲜奶油、牛奶、可可粉、黑巧克力等。

3. 实用型装饰物

实用型装饰物主要包括吸管、搅拌棒、鸡尾酒签等，现在人们除了保留其实用性外，还专门设计成特殊造型，使其具有观赏价值。

二、装饰物的制作方法

不同色彩与不同的水果，可用来装饰不同种类的鸡尾酒，但在忙碌的酒吧营业时段，调酒师经常没有时间来准备装饰物，因此装饰物的制作应提前准备。在准备装饰物时不要准备太多，因为用不完的水果装饰物是不能留存过夜的。

（一）装饰物制作的方法

1. 杯口装饰

杯口装饰是饮品装饰中最常用的一种，将制作好的装饰物置于载杯杯口之上。此类装饰物多采用水果作为原材料，以挂杯和使用鸡尾酒签串上装饰物搭于杯口上方两种形式较为常见。常用来作为杯口装饰物的水果有橙子、柠檬、草莓、蜜瓜、菠萝、樱桃、苹果、猕猴桃等。一般的水果是以片、角、皮、块的形式进行杯口装饰，樱桃、草莓等小型水果则采用整体的形式较为常见。

2. 杯中装饰

杯中装饰的形式有三种，即将装饰物放在杯中、浮在液面、沉入杯底。杯中装饰具有艺术感强、寓意含蓄的特点，常常在饮品的装饰中起到画龙点睛的作用。由于杯中装饰受到空间的限制，因此，在选择装饰物时，往往采用樱桃、洋葱、水橄榄、柠檬皮、薄荷叶、芹菜梗等小型装饰物品。另外，在选择杯中装饰时，形式的选择必须符合饮品主题的需要以及与酒品相协调。

3. 挂霜装饰

挂霜装饰有挂盐霜和挂糖霜两种形式。一般先用柠檬在杯口上均匀涂上一圈，然后再将杯口在盛有盐霜或糖霜的碟子里蘸一下，弹掉多余盐粉或糖粉即可。至于挂何种霜应视配方要求来定，一般来讲如果需要挂霜装饰的饮品中含有特基拉酒，那么这款饮品一定是挂盐霜，其中，蓝色的 Curacao 做的就是蓝色的霜边、薄荷甜酒是绿色的霜边等。除上述装饰以外，搅拌棒、吸管、杯垫、伞签等，都可以用来作为饮品的装饰物，使鸡尾酒显得更加精致、美观。

（二）装饰物制作举例

1. 安全制作装饰物的技巧

（1）以手指牢固地扶着被切割的装饰物。

（2）食指中指微向内屈，拇指置于后端扶住被切物。

（3）指关节作为刀面的依托，如此可不致切到指尖。

（4）平稳地以适当力量下刀切割蔬果。

（5）切割时必须全神贯注。

2. 橙子切片

（1）横放由中心下刀从头到尾切成两半。

（2）由中间直划 1/2 深的刀缝。

（3）平面朝下每隔适当距离切片。

（4）半月形的橙片可挂于杯边装饰。

3. 橙子、柠檬及青柠檬切圆片

（1）水果放直，下刀划约 1 厘米深。

（2）横放后每间隔适当距离下刀切成薄片。

（3）切成圆片可挂于杯边装饰。

4. 柠檬角切法（1）

（1）柠檬横放，切去头、蒂，由中央横向下刀一切为二。

（2）切面果肉朝下，再切成四等份或八等份。

（3）切成的柠檬角，挤出果汁后放入饮料中（一般不挂杯边）。

5. 柠檬角切法（2）

（1）柠檬横放，切去头、蒂，由中央横向下刀一切为二。

（2）由横切面以刀轻划入 1/2 深。

（3）直切成八面新月形。

（4）横刀切成半月形的水果片，此种不宜挤汁，应挂杯装饰。

6. 柠檬角切法（3）

（1）头尾切掉一部分。

（2）由上而下直刀一切为二。

（3）果肉朝下直刀切成两长条状（四瓣）。

（4）横放后再直刀每间隔适当距离下刀切成三角形状。

7. 长条柠檬皮的切法

（1）头尾切掉一小部分。

（2）用吧匙把果肉挖出。

（3）挖出果肉后一刀将外皮切成两片。

（4）切时由果肉部分下刀，刀才不会打滑，也较省力。

8. 菠萝块的切法

（1）选择成熟的菠萝把顶端绿叶切掉。

（2）菠萝横放将头尾一小截切掉。

（3）直立后直刀而下，一切为二。

（4）果肉朝下再直刀切成 1/4 块。

（5）直立或横着将果心切掉。

（6）上端中央点划刀口至半。

（7）再横刀切片即成三角形。

（8）若以牙签将樱桃与菠萝叉在一起即成为菠萝旗。

9. 芹菜梗的切法

（1）首先切掉芹菜根部带泥土部分。

（2）量测酒杯之高度

（3）切除过长不用之底部。

（4）粗大之芹菜梗可再切为两段或三段，叶子应保留。

（5）将芹菜浸泡于冰水中，以免变色、发黄或萎缩。

10. 牙签装饰的应用

（1）牙签串上红樱桃与橙子圆片即为橙子旗。

（2）红樱桃也可串上三角形柠檬。

（3）以牙签串上三粒橄榄或两粒珍珠洋葱。

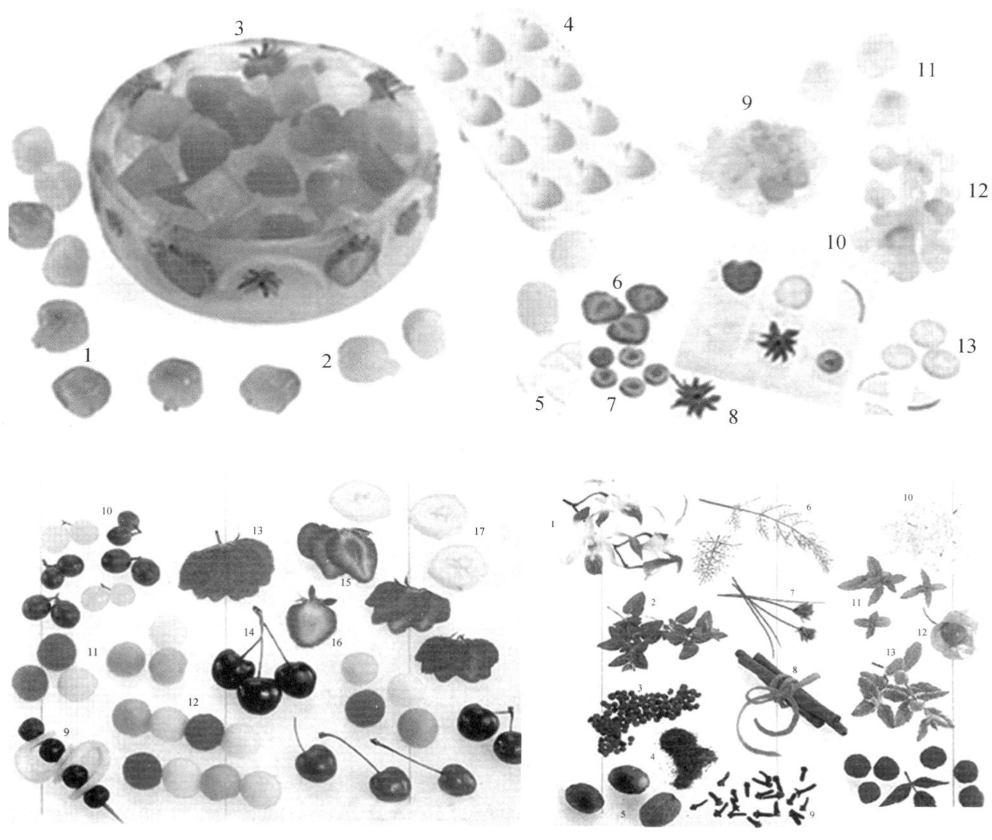

三、饮品装饰的规律

1. 依照酒品原味选择相协调的装饰物

装饰物的味道和香气必须同酒品原有的味道和香气相吻合，并且更加突出饮料的特色。

2. 丰富酒品内涵，增加新品味

这主要是针对调味型装饰物而言的。对于已有的鸡尾酒品种在选取这类装饰物时，主要依照配方上的要求，不能随意改动。而对于新创造的品种，则应以考虑宾客口味为主。

3. 保持传统习惯，搭配固定装饰物

按照传统习惯进行装饰是一种约定俗成，这在传统的鸡尾酒配方中尤为明显。

4. 颜色协调，表情达意

五彩缤纷固然是饮品装饰的一大特点，但也不能胡乱搭配颜色或随意选取原料，色彩本身是有一定情感的。

5. 形象生动，突出主题

制作形象生动的装饰物往往能表达出鲜明的主题和深邃的内涵，“天使之吻”杯口那枚红樱桃，让人联想到红红的嘴唇。

四、饮品装饰应注意的问题

1. 装饰物形状与杯形相协调

（1）用平底直身杯如海波杯时，常常少不了吸管、调酒棒这些实用型装饰物，同时常用大型的果片、果皮或花瓣来装饰，体现出一种挺拔秀气的美感来，在此基础上可以用樱桃、草莓等小型果实作为辅助装饰，增添新的色彩。

（2）用古典杯时，在装饰上要体现传统风格。常常是将果皮、果实或一些蔬菜直接投入到酒杯中，使人感觉稳重、厚实、纯正，有时也加放短吸管或调酒棒等来辅助装饰。

（3）用高脚鸡尾酒杯或香槟杯时，常常用樱桃、橘片直接缀于杯边或用鸡尾酒签串起来悬于杯上，表现出小巧玲珑而又丰富多彩的特色。用糖边、盐边也是此类酒中较常见的装饰。但要切记鸡尾酒的装饰一定要保持简单、简洁。

2. 注意不需要装饰的酒品，切忌画蛇添足

装饰对于鸡尾酒的制作来说确实是个重要的环节，但不等于说每杯鸡尾酒都需要配上装饰物。以下几种情况不需要装饰物：

（1）酒品表面有浓乳时，除了按照配方可撒些豆蔻粉之类的调味品外，一般情况下就不需要装饰了，因为那飘若浮云的白色浓乳本身就是最好的装饰。

（2）彩虹酒（分层酒），这种酒不需要装饰是因为其本身五彩缤纷的酒色已经充分体现了它的美。如果再装饰反而造成颜色的混乱，产生适得其反的效果。

总之，一般酒液混浊的鸡尾酒的装饰物挂在杯边或杯外，而那些酒液透明的鸡尾酒的装饰物通常放在杯中。

任务5　知名鸡尾酒品牌

鸡尾酒是想象力的杰作。鸡尾酒的本性，已经决定了它必将是一种最受不得任何约束与桎梏的创造性事物。至于在未来的日子里究竟还有多少种鸡尾酒将会被研制出来，这个问题似乎也只是和人类自身的想象力有关。经过200多年的发展，现代鸡尾酒已不再是若干种酒及乙醇饮料的简单混合物。虽然种类繁多，配方各异，但都是由调酒师精心设计的佳作，其色、香、味兼备，盛载考究，装饰华丽、圆润、协调，观色、嗅香，更有享受、

快慰之感。甚至其独特的载杯造型，简洁妥帖的装饰点缀，无一不充满诗情画意。经历一系列的发展和变化，现在世界上被公认的最经典的十大鸡尾酒具体如下：

一、玛格丽特（Margarita）

1949年，美国举行全国鸡尾酒大赛。一位洛杉矶的酒吧调酒师Jean Durasa参赛，这款鸡尾酒是他的冠军之作，之所以命名为玛格丽特（Margarita）鸡尾酒，是纪念他的已故恋人Margarita。1926年，Jean Durasa去墨西哥，与Margarita相恋，墨西哥成了他们的浪漫之地。然而，一次两人去野外打猎时，玛格丽特中了流弹，最后倒在Jean Durasa的怀中，永远地离开了。于是，Jean Durasa就用墨西哥的国酒Tequila为鸡尾酒的基酒，用柠檬汁的酸味代表心中的酸楚，用盐霜意喻怀念的泪水。如今，玛格丽特（Margarita）在世界酒吧流行的同时，也成为Tequila的代表鸡尾酒。

玛格丽特（Margarita）口感浓郁，带有新鲜的果香和龙舌兰酒的特殊香味，入口酸甜，非常清爽。除了我们平时最常见的标准玛格丽特外，还有近二十种的调制方法，其中以各种水果风味的玛格丽特和各种其他颜色的玛格丽特居多（标准玛格丽特为黄色）。

诞生地：墨西哥。

配料：40毫升龙舌兰酒（Tequila），20毫升君度橙酒（Cointreau），20毫升青柠檬汁（Lemon juice）。

载杯：冰冻过的玛格丽特杯。

制作方法：摇和法。

装饰物：盐边或糖边。

调制方法：取一个鸡尾酒碟，将杯沿用柠檬片蘸湿，在细盐上抹一下，沾上一层“盐霜”，将3种配料加冰块后倒入摇杯内摇匀，倒入鸡尾酒碟后上桌。

二、新加坡司令鸡尾酒（Singapore Sling）

新加坡司令鸡尾酒诞生于著名的莱佛士酒店，这座酒店被西方人士称为“充满异国情调的东洋神秘之地”。1910年，原籍海南岛的华人调酒师严崇文在莱佛士酒店的长酒吧（Long Bar）里发明了这款享誉世界的鸡尾酒。所谓的“Sling”，指的是一种传统的、流传于美国的混合饮料，一般由烈酒（Spirits）、水和糖冲调而成，而Sling也被巧妙的按谐音翻译为了“司令”。根据古老传统，在长吧里品尝司令酒可以把吃剩的花生壳扔在地板上，这对于以法律严厉著称的新加坡来说，绝对是个奇迹。现在，新加坡航空公司所有航线的所有等级舱位中都免费提供该款鸡尾酒。

在世纪交接时诞生的“新加坡司令”，最初名为“海峡司令”，其色泽红艳，适合女士饮用，但今日已无此区别。这款酒口感清爽，有消除疲劳的功效。此款鸡尾酒口感酸甜，外加碳酸气体的跳动和果味的酒香，饮来回味无穷。

诞生地：新加坡莱佛士酒店。

配料：40 毫升琴酒，20 毫升樱桃白兰地，30 毫升柠檬汁，10 毫升必得利石榴汁，1 注安格斯特拉苦酒，冰镇苏打水。

制作方法：摇和法。

装饰物：水果。

调制方法：将苏打水以外的所有配料加冰块后倒入摇杯内摇匀，接着倒入一个芬西玻璃杯（Fancy Glass）中，并加入冰镇苏打水直到杯口，最后用一颗樱桃、一片菠萝点缀。

三、血腥玛丽（Bloody Mary）

看起来全是通红通红的“血样”，有点令人不安，喝起来却是用了足够番茄汁的有益健康的鸡尾酒。盐、黑胡椒粉、辣酱油、辣椒汁等调味料都加进去，就可以代替假日的早餐，正如享受色拉，这正是 Bloody Mary（血腥玛丽鸡尾酒）。在 16 世纪中叶，英格兰的女王玛丽一世当政，她为了复兴天主教而迫害一大批新教教徒，人们就把她叫做“血腥玛丽”。在 1920 ~ 1930 年的美国禁酒法期间，酒吧创造了这款通红的鸡尾酒，就用“血腥玛丽”命名。

此款鸡尾酒色泽鲜红，口味又咸又甜，非常独特。

诞生地：巴黎的哈里纽约酒吧。

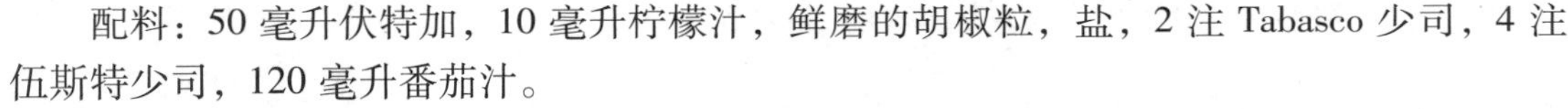

配料：50 毫升伏特加，10 毫升柠檬汁，鲜磨的胡椒粒，盐，2 注 Tabasco 少司，4 注伍斯特少司，120 毫升番茄汁。

制作方法：摇和法。

装饰物：芹菜或虾等。

调制方法：取一个长饮杯，加入适量冰块，并将除番茄汁以外的配料尽数倒入，适当搅拌，接着倒入番茄汁至杯满，再次搅拌，最后用芹菜梗或一个整虾点缀。

四、非斯杜松子鸡尾酒（Gin Fizz）

非斯杜松子（Gin Fizz）鸡尾酒又叫金菲士鸡尾酒，起源于美国，是世界十大经典鸡尾酒之一。由于这款鸡尾酒加入了苏打水，会产生气泡，发出嗞嗞的声音，就好像在叫“菲士”、“菲士”，因此而得名。

其口味清爽，口感刺激。

诞生地：美国。

配料：50 毫升琴酒，20 毫升柠檬汁，10 毫升石榴汁，冰

镇苏打水，冰块。

载杯：长饮杯。

制作方法：摇和法。

装饰物：青柠檬片、搅拌棒。

调制方法：除苏打水之外，将所有配料加冰块倒入摇杯中；持久用力摇晃调酒器将材料摇匀；将摇匀的酒倒入长饮杯；用冰镇苏打水注满杯子；将月牙形柠檬加在杯中，配上搅拌棒即可。

五、曼哈顿酒（Manhattan）

自鸡尾酒诞生起，人们就一直喝着这款鸡尾酒，念念不忘它的味道，无论在哪一个酒吧，这款鸡尾酒总是客人的至爱，因而被称为“鸡尾酒王后”，这就是曼哈顿鸡尾酒（Manhattan）。传说曼哈顿鸡尾酒的产生与美国纽约曼哈顿有关。英国前首相丘吉尔 Winston Churchill 的母亲 Jenny 是纽约布鲁克林含有 1/4 印第安血统的美国人，她还是纽约社交圈的知名人物，据说，她在曼哈顿俱乐部为自己支持的总统候选人举行宴会，用这款鸡尾酒来招待客人。著名英国首相丘吉尔之母发明，口感强烈而直接，因此也被称为“男人的鸡尾酒”。

酒语：香味浓郁典雅，不负“鸡尾酒皇后”美誉。

诞生地：美国曼哈顿。

配料：40 毫升加拿大威士忌，20 毫升味美思酒，2 注安格斯特拉苦酒（用龙胆和苦橙制成的一种苦味利口酒）。

用具：调酒壶、滤冰器、调酒匙、酒签、鸡尾酒杯。

制作方法：调和法。

调制方法：将所有配料倒入一个装有冰块的玻璃杯中，搅拌均匀后倒入鸡尾酒碟，最后加入一颗樱桃点缀。

六、激情海岸（Sex on the Beach）

这款鸡尾酒最大的特色是它的名字充满了诱惑力，让人禁不住浮想联翩。它是由伏特加、橙汁、蔓越橘汁和桃味利口酒调配而成，口感酸甜，略带些伏特加的小辣，甜美而诱人。

诞生地：美国餐饮连锁店“感恩星期五”。

配料：30 毫升伏特加，30 毫升桃子利口酒，60 毫升菠萝汁，60 毫升小红莓汁。

制作方法：摇和法。

调制方法：将所有配料倒入摇杯，配上冰块摇匀，然后倒入一个长饮杯，再配上一块菠萝。

七、龙舌兰日出（Tequila Sunrise）

以龙舌兰（Tequila）为基酒的鸡尾酒，最有名的莫过于龙舌兰日出（Tequila Sunrise）了。在生长着星星点点仙人掌，但又荒凉到极点的墨西哥平原上，正升起鲜红的太阳，阳光把墨西哥平原照耀得一片灿烂。Tequila Sunrise（龙舌兰日出）中浓烈的龙舌兰香味容易使人想起墨西哥的朝霞。在酸酒杯的杯底注入少量的石榴糖浆，从侧面看是一款非常漂亮的饮品。相反，如果盛装在底部宽大的坦布勒杯或葡萄酒杯中的话，则需要大量的石榴糖浆。如果将石榴糖浆慢慢注入杯中，像普斯咖啡那样分离颜色，就可调和出具有晕色效果的鸡尾酒来。

橙汁的颜色看起来使人非常舒服，用高脚杯或威士忌酒杯盛装大概不够，而用酸酒杯却正好一杯。混合了多种新鲜果汁，果香味十足。加上龙舌兰酒特有的热烈火辣，饮后使人回味无穷。

诞生地：美国。

配料：60 毫升龙舌兰酒，100 毫升橙汁，10 毫升柠檬汁，20 毫升必得利石榴汁。

调制方法：将龙舌兰酒、橙汁和柠檬汁混合冰块后倒入摇杯内摇匀并倒入长饮杯内，随后慢慢地加入必得利石榴汁至杯口，稍做搅拌后上桌。

八、亚历山大酒（Alexander）

1863 年，爱德华七世（后成为英国国王）与丹麦公主亚历山多拉成婚，这款鸡尾酒即为纪念两人的婚礼而作，因此当初这款鸡尾酒的名称为“亚历山多拉”。在杰克·莱蒙主演的电影《美酒与玫瑰的日子》中，男主人公劝不胜酒力的妻子饮用的就是这款深受女性喜爱的鸡尾酒。白兰地的芬芳、可可酒的柔美、鲜奶油的浓醇，让这款鸡尾酒入口柔软滑口。感觉香甜中略带辛辣，并且有浓郁的可可香味，特别适合女性朋友饮用。

诞生地：英国。

配料：白兰地 1/3，可可甜酒 1/3，鲜奶油 1/3，豆蔻粉少量（可以不加）。

调制方法：

（1）将冰块放置在鸡尾酒杯中，进行冷却冰杯。

（2）在摇酒器底杯中装入冰块。

（3）以量酒器量取白兰地酒 15 毫升、深色可可香甜酒 15 毫升、鲜奶油 15 毫升，全部倒入摇酒器底杯内。

（4）盖上摇酒器过滤盖及上杯盖，用力摇荡均匀直到外部结霜。

（5）将第一步中鸡尾酒杯中的冰块取出，将摇荡后的酒液过滤并倒入鸡尾酒杯中。

（6）撒少许豆蔻粉在鸡尾酒杯中，作为装饰。根据个人喜好，还可以在鸡尾酒杯边

缘镶嵌一枚樱桃以增加情调。

九、干马天尼（Dry Martini）

马天尼是一杯非常有名的鸡尾酒，马天尼调法最多，可达两百多种，故人们称其为“鸡尾酒中的杰作”、“鸡尾酒之王”。马天尼涩苦艾酒可以应个人喜好而递减至口感锐利。

干马天尼的特点是：传统的标准鸡尾酒，酒度高，餐前饮品，有开胃提神之效。

诞生地：美国的加利福尼亚州。

配料：50 毫升金酒，10 毫升干苦艾酒，干味美思、绿橄榄。

制作方法：摇和法。

调制方法：将金酒和苦艾酒混合冰块后放入摇杯中摇匀，然后倒入鸡尾酒碟中，最后用一颗橄榄和柠檬片点缀。

十、吉普森（Gibson）

口味比 Dry Martini 更为辛辣，初涉鸡尾酒的女生还是少碰为妙。至于男生，别错过装酷的机会。

诞生地：美国。

配料：50 毫升金酒，10 毫升干苦艾酒。

调制方法：与干马天尼类似，首先要将金酒和苦艾酒混合冰块后放入摇杯中摇匀，然后倒入鸡尾酒碟中，最后用若干洋葱片点缀。

十一、朗姆可乐

制作材料。主料：可乐半杯、朗姆酒 1.5 盎司、冰块 1 盒、菠萝 1 块；辅料：玻璃杯 2 个、调酒器 1 个。

调制方法：

（1）把冰块放入调酒器，倒入可乐和白酒（一般家里不会特意买调酒器，所以我们可以采用不锈钢水杯。只要杯子上面有盖子，保证杯子在晃动的时候，水不洒出来便可）。

（2）一定不要“摇匀”。可乐摇晃会喷出来，这里也一样。

十二、螺丝刀

一般认为，螺丝刀鸡尾酒的名称是来自 Gimlet，Gimlet 这个词的另一个意思是“小手钻”。酸橙汁在早期是装在封闭的木桶里的，倒出酸橙汁时需要用小螺丝刀在木桶上开个小口，所以这种螺丝刀和这种鸡尾酒之间有一定的关系。

配料：伏特加 1 盎司、鲜橙汁 4 盎司。

调制方法：将碎冰置于阔口矮型杯中（应该是古典杯），注入酒和橙汁，搅匀，以鲜橙点缀。这是一款世界著名的鸡尾酒，四季均宜饮用，酒性温和，气味芬芳，能提神健胃，颇受各界人士欢迎。

十三、苏格兰苏打（Scotch Soda）

配料：苏格兰威士忌 30 毫升，苏打水八分满。

调制方法：在高飞球杯中加 8 份冰块。量苏格兰威士忌 30 毫升于杯中，注入苏打水至八分满，用吧匙轻搅 2～3 下。放入调酒棒，置于杯垫上。

苏格兰苏打是一种著名的鸡尾酒，苏格兰苏打这一名称来源于它的两种原料：苏格兰威士忌与苏打水，苏格兰苏打的烈度为 2.5。

十四、金汤力（Gin&Tonic）

金汤力鸡尾酒源于英国的孟买，蓝宝石金酒是英国伦敦著名金酒品牌，被全球认为最优质、最高档的金酒，蓝宝石金酒的配方是基于最古老的配方之一，最初诞生在 1761 年英国的西北部。口感舒适、配方简单、适合女士饮用。

配料：辛辣金酒 45 毫升，汤力水补足剩余，柠檬片 1 片。

调制方法：

（1）将辛辣金酒倒入 8 盎司容量的坦布勒杯中；

（2）加入冰块，用汤力水注满，最后用柠檬片装饰。

十五、天使之吻（Angel's Kiss）

饮用此酒，恰似与天使接吻。这种鸡尾酒在白色的鲜奶油上装饰一粒红樱桃，非常可爱，称之为天使之吻，这种鸡尾酒适合女士饮用。

配料：可可利口酒 2/3，鲜奶油 1/3，红樱桃 1 粒，吧匙、利口杯。

调制方法：

（1）将可可甜酒倒入利口酒杯中；

（2）慢慢倒入鲜奶油，使其悬浮在可可甜酒上面；

（3）用鸡尾酒针将樱桃串起来，横放在杯口上。

十六、教父（God－Father）

这款鸡尾酒因“教父”这部电影而得名。这款酒品有着威士忌的馥郁芳香和杏仁利口酒的浓厚味道，最适合成人饮用。

配料：苏格兰威士忌 45 毫升，杏仁甜酒 15 毫升。

调制方法：

（1）取古典杯，往杯内加入冰块至八分满；

（2）用量酒器量取苏格兰威士忌 45 毫升、杏仁利口酒 15 毫升，将其倒入杯内；

（3）用吧匙轻轻搅拌几下；

（4）将红樱桃用樱桃叉串起并放置在古典杯杯口上，作为装饰。

十七、汤姆柯林斯（Tom Collins）

汤姆柯林斯，鸡尾酒的一款，柯林斯家族中的王牌“汤姆”，就是以前的“约翰柯林斯”。一般多采用先将材料倒入杯中后兑和的方法。

配料：辛辣金酒 45 毫升，1/2 柠檬汁，砂糖 3 茶勺，苏打水补足剩余，柠檬片 1 片，红樱桃 1 颗。

调制方法：

（1）将金酒、柠檬汁、砂糖轻轻摇和；

（2）将摇和好的酒倒入高杯中；

（3）加入冰块，注满苏打水，用柠檬片和樱桃装饰。

注意：柯林斯一般采用先将材料倒入杯中后兑和的方法。采用摇和法时，动作幅度要小，目的在于混合而不是冷却。

十八、红粉佳人

红粉佳人鸡尾酒是一款专门为女人而调配的鸡尾酒。属酸甜类的餐前短饮，是传统的标准鸡尾酒，深受女性喜欢。

用摇荡法调制，味道微甜，最适合餐后饮用。

配料：1 盎司金酒（杜松子酒/毡酒）、1/2 盎司君度橙酒、蛋清一个、1/4 盎司红石榴汁。

调制方法：先将冰块放入调酒壶内，注入酒、石榴汁、蛋清，用力摇匀至起泡沫，即可滤入高脚鸡尾酒杯中，用红樱桃挂杯边点缀。现在有改良做法，就是用 2 盎司鲜奶油代替蛋清味道更好。

十九、七色彩虹

配料：红石榴糖浆 5 毫升，绿薄荷酒 5 毫升，白薄荷酒 5 毫升，樱桃白兰地 5 毫升，蜂蜜利口酒 5 毫升，君度香橙酒 5 毫升，白兰地 5 毫升。利口酒杯一个。

调制方法：依顺序慢慢倒入杯中，这种鸡尾酒是利用利口酒间的比重差异，调出色彩丰富的鸡尾酒。调制彩虹酒时最需注意的一点是，同一种利口酒或烈酒会因制造商的不同而使酒精度数或浓缩度不同，最好挑选同一个制造商的酒，事先要把买来的酒做几次尝试。只要能掌握各种酒的比重数据，就能调出各种不同而漂亮的彩虹酒。

二十、迈泰

这种知名的鸡尾酒即使在热带气候中，也能带来一丝清凉，是来自加勒比海的饮料。

配料：中型冰块 8 块、新鲜柠檬汁 10 毫升、柳橙汁 40 毫升、凤梨汁 80 毫升、石榴糖浆 5 毫升、白色朗姆酒 30 毫升、褐色朗姆酒 30 毫升、碎冰 1/3 杯。

调制方法：

（1）把冰块放进调酒壶上层。

（2）加进果汁、石榴糖浆和朗姆酒，合上调酒壶，用力摇动约 8 秒钟。

（3）在杯里放进 1/3 杯的碎冰，透过隔冰器倒进调好的酒。

（4）把凤梨片切开，插在杯缘，再放上樱桃及薄荷叶做装饰，最后插上吸管即可。

【实训与评价】

[实训目的]

学生能处理客人对鸡尾酒服务的需求，能够准确地回答客人的问题，提供客人所需的服务。

[实训准备]

酒水单、酒水订单、鸡尾酒等。

[实训方法]

小组合作法、任务驱动法、讲授法、引导法。

[实训内容]

（1）由教师扮演客人，请一位学生扮演预订服务员，展示一段客人需要提供鸡尾酒服务的情境过程。

（2）学生按要求调制鸡尾酒。

（3）学生分析和制订出一套鸡尾酒服务的工作程序。

（4）教师评价。

[实训步骤]

（一）由学生两人一组，进行客人鸡尾酒服务模拟练习

要求：预订服务员应注意眼神、微笑、说话的语气、言辞的礼貌性。

（1）学生两人一组，模仿教师范例，教师给出评判。

（2）学生可以即兴发挥，教师和学生共同评价，教师给出分数。

（3）学生提出问题，教师回答。

（二）填写实训报告，实训结束

[实训评价]

班级：　　　　　　　　　　姓名：　　　　　　　　　　总分：

序号	项目	要　求	应得分	扣分	实得分
1	仪容仪表	1. 按酒吧要求，保持个人良好的仪表、仪容、仪态，着校服，佩戴校卡	5 分		
		2. 以规范的仪容仪表迎接客人	5 分		
		3. 行走、站姿正确，行为规范有礼	5 分		
		4. 对客人微笑、行注目礼	5 分		

续表

序号	项目	要　求	应得分	扣分	实得分
2	礼貌礼节	1. 礼貌用语的使用	5 分		
		2. 服务态度热情，友好	5 分		
3	操作程序	1. 能明确客人对鸡尾酒的选择	10 分		
		2. 鸡尾酒下单是否标准	17 分		
		3. 调制鸡尾酒是否标准	17 分		
		4. 鸡尾酒服务是否合理	17 分		
		5. 小组合作是否融洽	9 分		
备注		每一组内容不能重复			

模块小结

（1）鸡尾酒调制前应准备什么？

（2）鸡尾酒调制的方法有哪些？

（3）鸡尾酒调制过程中应注意什么？

（4）鸡尾酒装饰物的制作方法有哪些？

（5）鸡尾酒服务过程中应注意什么？

（6）应如何清理工作台及酒吧地面？

（7）国内外知名鸡尾酒的调制流程？

项目四　酒水服务

【案例导入】

应不应坚持开瓶费？

有一次，赵先生和几位朋友请一位老先生吃饭，他是他们的前辈师长，所以大家都让他来选择哪家餐厅为好。老先生想了想说："就到迎宾餐厅吧！那里的菜不错，环境也很好。"大家便一起到了迎宾餐厅。落座后不久，老先生把他从家里拿来的两瓶茅台酒摆上桌说："今天咱们喝国酒茅台，这是我一个学生从贵州带过来的，绝对是真货色……"没等老先生说完，站在一旁的服务员沉不住气了，赶快说道："我们餐厅是不让客人带这些酒的。如果客人自带酒水，我们必须收开瓶费。""开瓶费多少钱？"有人不禁问道。"每瓶 50 元。"老先生一听，赶快说道："我和你们李老板是好朋友，我到这里吃饭，已经不止一次了。就算他在这里也不会收我的开瓶费，你当然也不会要！"服务员一听，马上说："不行，这是我们餐厅的规矩，我们必须遵守！"老先生有点急了，他马上夺过了一个手机就拨打餐厅老板的电话。显然，在电话里，老板告诉服务员不用再收开瓶费。虽然如此，老先生却不好受，他气呼呼地对服务员说："刚才你不听我话，现在看怎么样？我这把年纪了，还骗你小姑娘干吗？"服务员无言以对，非常尴尬。老先生的太太则在一边没好气地说："以后别到这里来了，看这儿的规矩真多！"在座的几位也不禁暗暗赞成老先生及夫人的做法和想法。

【案例分析】

（1）在本案例中，老先生认为自己和餐厅的老板是好朋友，并且自己又是常客，老板在场也不会收他的"开瓶费"，跟服务员说清楚，服务员当然也不会收的，这是他已经有的一种看法和态度。但服务员听后，马上说："不行，这是我们餐厅的规定，我们必须遵守！"拒绝了老先生的要求。这时候老先生有点急了，他马上联系餐厅老板。虽然最后他也没有交开瓶费，但已经给他带来不愉快的体验，造成了他对服务员及餐厅的不好印象，这些印象进而又破坏了他对餐厅的已有的良好态度，使他感到非常不愉快。

（2）此外，老先生的态度又影响了他的太太，进而影响了在座的其他人的感受，使他们对餐厅有不良的评价。老先生在这里丢了面子，以后也不想再光临了。诚然，餐厅里的规定服务员是必须遵守的。但是，并不应该教条地执行，而应该根据具体情况灵活变通，尽量满足顾客的个性要求，才能保留住熟客。

（3）服务人员对待客人应时刻注意要语气委婉，不可对客人说"不行"等强硬性的拒绝语言，应随时站在客人的角度去处理客人的需求，给客人面子的同时为客人提供优质的服务。

（4）处理结果：餐厅经理向客人道歉，并送上水果盘以示歉意；同时，管理人员对服务员进行批评教育，并以此事作为经验教训，培训全体员工，让所有员工提高顾客意识。

【学习目标】

知识目标：

1. 掌握不同软饮料（包括茶、咖啡、果汁及其他）服务流程及业务特点。
2. 掌握不同场合（包括餐厅、酒会等）服务流程及礼仪，熟悉语言技巧。
3. 掌握葡萄酒服务流程及礼仪。

能力目标：

1. 能按照服务流程标准，熟练提供软饮料服务。
2. 根据不同的场合提供服务，提供葡萄酒服务。

任务1　酒水服务

一、鸡尾酒服务标准

（1）服务员应将调制好的饮品用托盘从客人的右侧送上。

（2）送酒时应先放好杯垫和免费提供的佐酒小吃，递上餐巾后再上酒，报出饮品的名称并说："这是您的，请慢用。"

（3）服务员要巡视自己负责的服务区域，及时撤走桌上的空杯、空瓶（听），并按规定要求撤换烟灰缸。

（4）适时向客人推销酒水，以提高酒吧的营业收入。

（5）在送酒服务过程中，服务员应注意轻拿轻放，手指不要触及杯口，处处显示礼貌卫生习惯。

二、瓶装酒服务标准

如果客人点了整瓶酒，服务员要按验酒、开酒、试酒、斟酒的服务程序服务。

（一）验酒

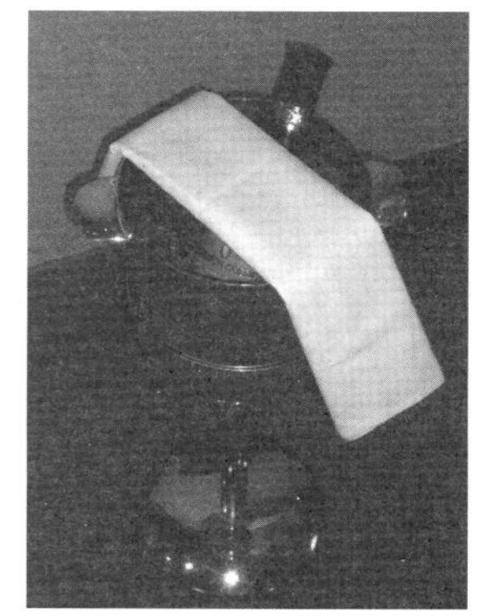

酒的服务中首先是要给客人验酒，这是相当重要而不可忽视的过程。相传中世纪时，常有在酒中下药毒死他人的情形，因此才产生了宴饮时由主人先品尝酒味的做法，这一做法演变至今，已成为餐桌服务的重要礼仪规范。验酒的目的，其一是给客人认可；其二是使客人品尝酒的味道和温度；其三是显示服务周到。

假如拿错了酒，验酒时经客人发现，可立即更换，否则未经同意而擅自开酒，也许会遭受退回的损失。不管客人对酒是否有认识，均应确实做到验酒，这种做法也体现了对客人的尊敬。

应将白葡萄酒置于小冰桶中，上面用干净、叠好的餐巾盖着，放置在点酒客人右侧的小圆几上面，把酒瓶取出，用双手托着白葡萄酒瓶，标签要面向客人，使其过目验酒，左手以餐巾托酒瓶以防水滴，右手用拇指与食指捏牢瓶颈，经客人认可后，再度放入冰桶，供其饮用。

供应红葡萄酒的温度与室温相同，淡红酒可稍加冷却，可利用美观别致的酒篮盛放。该酒因陈年常会有沉淀，要小心端进餐桌，不要上下摇动。先给客人验酒认可，然后将酒篮平放在客人的右侧，供其饮用。

在拿给客人验酒之前，均须将酒瓶上的灰尘擦拭干净，仔细检查后，再拿到餐桌上给客人验酒。

（二）示酒

（1）让客人确认其品牌、级数。将酒瓶擦干净，左手掌垫一块口布，放于瓶底，商标朝外，拿着酒让客人过目并看清楚商标上的字，让客人确定酒正是自己点的，并对客人说："先生，这是××年的，某地的××葡萄酒。"在主人做出确认前不要开瓶。

注意：展示酒时应先从酒架上取下红酒，用事先叠好的口布垫住瓶身，左手托住瓶底，右手托住瓶颈，左手在前略微向下，右手在后略微抬起，成45度角向客人展示。展示时采用蹲姿服务，双手捧着酒瓶递送到点酒客人面前。

（2）客人表示认可后，需要对客人进行询问。

（3）客人对酒认可后，将红酒放回到台面上，准备开酒。

注意：红酒放入酒篮内，冷藏过的白酒放在冰桶内。桶内放入六成满的冰块和少量的水，并用一块干净口布折三折盖在冰桶上仅露出瓶颈，酒篮放在桌子客人右首边方便处（1米内），冰桶应放在靠近主客（点酒水的客人）的地方。

（三）开酒

在开瓶与斟酒过程中，服务人员要从容地按餐厅礼仪，姿态优雅地做得恰到好处。应经常随身携带起子以及开罐器，以备开瓶（罐）使用。开瓶的方法有一般酒与起泡酒之别，斟酒有一倒法与两倒法之分，具体如下：

1. 葡萄酒的开瓶

（1）开酒时左手扶住瓶颈，右手用酒刀割开铅封，置身于腰部左近倾斜45°，用小折刀在距酒瓶顶端5毫米凸起处割开锡箔封帽，用刀尖挑下封帽顶部，防止倒酒时锡箔干扰，并用口布擦拭瓶口。

（2）将酒钻从中间垂直钻入酒塞，注意钻入时不能转动瓶身，按顺时针方向旋转，在旋转到尚有一道螺线时停止，防止将塞刺穿。待酒钻完全钻入酒塞后，轻轻缓慢拔出酒塞，拔出时不应有声音，不能带出酒液。

（3）将酒塞从酒钻上取下，放置于小碟中（垫餐巾纸一张），放在主人红酒杯右侧（预先放一个小盘子，同时把酒信息有字的部分朝主人），请客人通过嗅觉鉴定该酒，再用口布将开启瓶口擦干净。

2. 起泡酒的开瓶

气泡酒因为瓶内有气压，故软木塞的外面有铁丝帽，以防软木塞被弹出。其开瓶的步骤是：把瓶口的铁丝与锡箔剥掉，以45度的角度拿着酒瓶，拇指压紧木塞并将酒瓶扭转一下，使软木塞松开，待瓶内的气压弹出软木塞后，继续压紧软木塞并以45度的角度拿紧酒瓶。假如瓶内压力不足以将瓶塞顶出，可将瓶塞慢慢自边推动，瓶塞离瓶时，将瓶塞握住。

开启含有碳酸的饮料如啤酒等时，应将瓶子远离客人，并且将瓶身倾斜，以免液体溢至客人身上。

（四）试酒

（1）开瓶后，服务员要先闻一下瓶塞的味道，用以检查酒质（变质的葡萄酒会有醋味）。

（2）用干净的餐巾擦一下瓶口，露出牌子，先向顾客中的主人酒杯里斟1/6杯酒，请主人尝一下是否够标准。

（3）主人同意后先主宾后副主宾或先女客后男客的顺序斟倒，最后给主人。

（4）倒酒时，酒瓶的瓶颈不可触及酒杯口缘。

（五）斟酒

1. 一倒法

（1）正确的做法是：开启酒瓶后，可先闻一下瓶塞（因有时瓶塞会腐烂）。斟酒前将酒瓶口擦拭干净，手持酒瓶时要小心，勿振荡起瓶中的沉淀。以标签对着客人，先斟少许在主人或点酒的客人杯中请其尝试，经同意后再进行斟酒。酒杯放在桌上，不要举起，且不斟满过3/4，最好较半杯多一点。倒红酒时，瓶口尽量靠近杯沿慢慢地倒。收瓶的要领是：当酒瓶将离开酒杯昂起时，慢慢将瓶口向右上转动，如此才不会使留在瓶口边缘的酒液滴下弄污桌布。

（2）陈年的红葡萄酒需装在特别的酒篮里，避免搅乱沉淀，要保持平稳，为了尽量少动酒瓶，可把杯子从桌上拿起，瓶口靠紧杯沿慢慢地斟倒。

（3）倒白葡萄酒时，酒瓶从冰桶取出时须先擦净瓶上的水分，直接倒进餐桌上的酒杯中，勿用手去拿酒杯，以免手温加热酒杯，影响冷却的效果。斟酒时从杯沿开始倒，再逐渐抬高酒瓶到离杯10厘米处结束。

2. 两倒法

（1）对于起泡的葡萄酒或香槟酒以及啤酒类，斟酒时采用两倒法。两倒法包含有两次动作：初倒时，酒液冲到杯底会起很多的泡沫，等泡沫约达酒杯边缘时停止倾倒，稍待片刻，至泡沫下降后再倒第二次，继续斟满至2/3或3/4杯。斟酒不能太快，切忌把酒中的二氧化碳冲起来，不易控制，以致泡沫溢流杯外。斟满所有的酒杯后，将酒置回冷处或冰桶中，以保持发泡性酒的冷度，并可防止发泡。

（2）斟香槟酒所用的酒杯事先必须干燥，换言之，酒要冷，酒杯不冷，而且盛香槟酒的酒杯中不能加冰块。

（3）倒啤酒的最佳方法是：斜倾酒杯，顺着杯壁慢慢地斟，这是缩短瓶口“冲着点”的距离，冲力减弱，就没有气泡发生。到了半杯程度，逐渐扶正酒杯，第二次注入杯子的正中，至在表面冲起一层泡沫，但勿使其溢出酒杯，这一层泡沫有保持酒液中二氧化碳的作用。要领是：起初慢慢地斟，中途略猛地斟，最后是轻轻地斟。此外，补斟的酒不好喝，必须喝光再重新斟满。

3. 斟酒的礼节

（1）依惯例先倾入约 1/4 的酒在主人杯中，以表明此酒正常，等主人品尝嘉许后，再开始给全桌斟酒。斟酒时由右方开始（反时针方向），先斟满女客酒杯，后斟满男客酒杯。如是宴会团体，则先给坐在主人右边的客人斟酒，最后给主人斟满再退回（这也是再斟酒时的顺序）；或将酒瓶递其自斟。无论如何，当客人酒杯全部斟满后，才能斟满主人酒杯。只有在斟啤酒及起泡葡萄酒或陈年红葡萄酒时，才可以把酒杯拿到手上而不失礼。

（2）如客人同时饮用两种酒时，不能在同一酒杯中斟入两种不同种类的酒；不要向邻桌斟酒，已开的酒瓶，应置于主人右侧。空瓶不必尽快移去，酒瓶亦是一种装饰品，能增加餐桌气氛。

三、酒水服务注意事项

（1）斟酒时瓶口不可搭在酒杯口上，以相距 2 厘米为宜，以避免将杯口碰破或将酒杯碰倒。但也不要将瓶拿得太高，太高则酒水容易溅出杯外。

（2）服务员要将酒缓缓倒入杯中，当斟至酒量适度时停一下，并旋转瓶身，抬起瓶口，使最后一部分酒随着瓶身的转动均匀地分布在瓶口边沿上。这样，便可防止酒水滴洒在台布上或宾客身上。也可在每斟一杯酒后，即用左手所持的餐巾把残留在瓶口的酒液擦掉。

（3）斟酒时，要随时注意瓶内酒量的变化情况，用适当的倾斜度控制酒液流出速度。因为瓶内酒量越少，流速越快，酒流速过快容易冲出杯外。

（4）斟啤酒时，由于泡沫较多，极易沿杯壁溢出杯外。因此，斟啤酒速度要慢些，也可分两次斟或使啤酒沿着杯的内壁流入杯内。

（5）因操作不慎而将酒杯碰翻时，应向宾客表示歉意，立即将酒杯扶起，检查有无破损，若有破损要立即另换新杯，若无破损，要迅速用一块干净餐巾铺在酒迹之上，然后将酒杯放还原处，重新斟酒。若是宾客不慎将酒杯碰破、碰倒，服务员也要同样处理。

（6）在进行交叉服务时，要随时观察每位宾客酒水的饮用情况，及时添续酒水。

（7）在斟软饮料时，要按宴会所备品种放入托盘，请宾客选择，待宾客选定后再斟倒。

（8）在宴会进行中，通常宾主都要讲话（祝酒辞、答谢辞等），讲话结束时，双方都要举杯祝酒。所以，在讲话开始前要将其酒水斟齐，以免祝酒时杯中无酒。

（9）讲话结束时，负责主桌的服务员要将讲话者的酒水送上供祝酒之用。当讲话者要走下讲台向各桌宾客敬酒时，要有服务员托着酒瓶跟在讲话者的身后，随时准备为其及时添续酒水。

（10）宾主讲话时，服务员要停止一切操作，站在合适的位置（一般站立在边台两侧）。因此，每位服务人员都应事先了解宾主讲话时间的长短，以便在讲话开始时能将服务操作暂停下来。

（11）若使用托盘斟酒，服务员应站在宾客的右后侧，右脚向前，侧身而立，左手托盘，保持平衡，先略弯身，将托盘中的酒水饮料展示在宾客的眼前，表明让宾客选择自己喜欢的酒水及饮料；同时，服务员也应有礼貌地询问宾客所用酒水饮料，待宾客选定后，服务员直起上身，将托盘托移至宾客身后。托移时，左臂要将托盘向外托送，防止托盘碰到宾客，不能从宾客的头顶过。然后用右手从托盘上取下宾客所需的酒水进行斟倒。

【知识拓展】

1. 醒酒

红酒被喻为有生命力的液体，是由于红酒当中含有单宁酸的成分，单宁酸跟空气接触之后所产生的变化是非常丰富的。而要分辨一瓶酒的变化最好的方式是开瓶后一次倒2杯，先饮用一杯，另一杯则放置至最后饮用，这样就能很清楚地感觉出来。如果是年代较长的酒则不需要醒酒。

2. 过酒

过酒的方式，是将葡萄酒导入醒酒瓶的动作称为过酒，过酒的目的有两个：一是将陈置多年的沉淀物去除，虽然喝下这些沉淀物并无任何大碍，但有损葡萄酒的风味，所以必须去除。二是使年份较少的葡萄酒将其原始的风味从沉睡中苏醒过来。因为葡萄酒会因过酒的动作而有机会与空气接触，此时沉睡中的葡萄酒将芳香四溢，味道也变得圆润。

3. 红葡萄酒和白葡萄酒的区别

单宁的存在是红葡萄酒和白葡萄酒最重要的区别之一。白葡萄酒是将葡萄原汁与皮渣进行分离后，用葡萄汁发酵制成，所以，白葡萄酒的灵魂是酸，而不是单宁。

在品酒过程中，单宁分子和唾液蛋白质发生的化学反应，会使口腔表层产生一种收敛性的触感，人们通常形容为“涩”。如果说“酸”是白葡萄酒的个性，那么，“涩”就是红葡萄酒的个性。

白葡萄酒酿造前必须去皮、梗、核，因为不须萃取颜色和单宁。陈酿年份一般为1～3年，温度25℃～28℃，时间较短。红葡萄酒酿造不必去皮，只要去梗和过核。因为葡萄皮中的抗氧化成分较多，有助于提高酒的品质。陈酿期各有不同，佐餐酒只需3～5天，陈酿型葡萄酒还需装木桶存12～18个月，名酒还要在特殊工艺下陈酿好几年，温度为18℃～22℃。

任务2　茶水服务

一、营业前的准备工作

（1）保持地板、门窗、桌椅的干净。

（2）定期清洁陈列物品，如挂画、摆放茶具的博古架等。

（3）给鱼缸定期换水，给绿色植物定期浇水，保持叶面清洁。

（4）开窗通风，保持室内空气清新、无异味，适当焚香留韵。

（5）检查桌椅有无破损、松动；桌布、地毯有无破损或是否沾有茶渍，发现问题及时修补或更换。

（6）检查并清洁整理卫生间，补充相关用品。

（7）检查需要做好促销和节假日的室内宣传美化工作。

（8）检查茶具、用具有无缺少，是否有破损，有无污渍，摆放是否合理、美观。

（9）将茶单、点茶单、笔、茶盘、结账夹等准备齐全，放在固定位置。

（10）准备及检查茶叶、茶点有无变质，发现问题及时补充或更换。

（11）了解当日有无特殊促销活动及促销价格，以便及时、准确地为客人解释。

（12）店长全面检查上述准备工作。如茶具的卫生情况，茶室的陈列摆放情况，室内的温度、灯光、气味，茶叶、茶点的准备情况，茶艺员的仪容仪表等。检查合格后，茶艺员各就各位，精神饱满地迎接客人。

二、茶水服务流程

1. 迎接客人

（1）迎宾员站姿标准，面带微笑站于大门两侧。

（2）看到有客人来时，热情、主动为客人开门，礼貌问候。

（3）询问客人品茶人数。

（4）走在客人左前方或右前方 1.5 米处，并以手势礼貌引客入位。

（5）提供迎宾服务时，迎宾员要吐字清楚，声音柔美，正视客人，目光散点柔视。

2. 引客入座

（1）根据记忆判断客人是初次来，还是经常来。不能准确判断的，可礼貌地询问客人。对于初次到来的客人，应向客人简单介绍茶楼布局功能。

（2）尊重客人的意见安排座位。

（3）由服务员为客人拉椅让座。

（4）根据季节为客人送上时令特制茶点。

注意：引位过程中，如遇拐角、台阶，应用语言及手势及时提醒客人；客人要求在包房品茶的，要为客人开门、开空调；考虑到品茗环境的特殊性，应根据客人人数、品茗习惯合理安排座位，尽量不加位；对于残疾客人，要安排行动方便、舒适的座位，尽量遮挡残疾部位为宜。

3. 点单

（1）介绍、推销特色茶。客人就座后，双手递上茶单，根据客人的消费需求、年龄、性别、喜好以及是否初次品茶等因素，为客人推荐适合的茶品（要熟悉掌握各类茶叶的知识，如茶叶功能、规格、茶类等）。

（2）填单。站在客人左侧，身体略向前倾，专心倾听客人点单内容，同时，回答客人问询时音量要适中、语气亲切；切记，不可将点茶单放在餐桌上填写。

（3）确认。客人选定茶叶、饮水后，应复述客人所点内容，得到确认后收回茶单，有礼貌地对客人说："请您稍等。"开好的茶单一式二联，一联送收银台电脑开单用，一联留台便于客人结账时用。

（4）下单。填写茶单要迅速、准确、工整，写台号、品茶人数（便于选择不同的茶具）、茶品全称、价格、填单时间和填表人编号等，并注明客人的特殊要求。

4. 下单后的服务

（1）上茶点。在下单后10分钟内，为客人奉上茶点。将水烧上并对客人说："待水开后茶艺师会为您泡茶。我先去为您准备茶叶、茶点，您稍等一下，茶艺师马上过来为您服务。"

（2）泡茶。待水烧开后，准备为客人泡茶。泡茶前应征得客人同意："先生/女士，水开了，现在可以为您泡茶了吗？需要我为您做茶艺讲解吗？"客人同意后方可泡茶。泡茶时，注意投茶的量、泡茶的时间及温度。对于需要茶艺表演的客人，按程序提供茶艺表演；不需要茶艺表演的，进入下一操作流程。泡茶服务具体流程如下：

1）备器：即是准备泡茶时所需之器具。各种茶具都有特定的摆放位置，这与茶道美学和冲泡流程有着密切的关系。

2）涤器：泡茶之前，必须温杯烫罐，用沸水彻底清洗茶具，以高温消毒杀菌。

3）置茶：利用茶则把适量的茶叶置放于茶盏之内，轻拍茶盏数下，使茶叶能均匀分布。泡茶之前需询问客人口味是偏重还是偏淡，好让茶艺师更好把握。

4）初泡：所有的茶叶都需洗茶，老白茶和普洱需洗两遍（绿茶除外）。

5）正泡：重复初泡的程序，浸泡时间加长至30秒至1分钟（视茶叶品种而定），再把茶汤注入茶海中。

6）分杯：把茶汤从茶海分到茶杯中。分茶汤时要求每杯约七分满，以示对客人的尊重。

（3）奉茶。泡好茶后为客人奉茶，可适当为客人演示品茶的动作和技巧；将茶汤（第二泡）冲好，为客人斟好茶后，将（第三泡）茶汤冲好，对客人说："茶已为您泡上，请问您需要我继续提供茶艺服务吗？"如需要，要向客人阐明需另收取跟泡服务费。如不需要即要对客人说："请慢用，如有需要请按服务铃，我随时等候为您服务。"注意，奉茶时，先主后宾。同时，将随手泡内的水续满，告诉客人随手泡的使用方法，得到客人允许后退出。

（4）茶间服务。在客人品茶过程中，时刻注意观察客人需要，在适宜的时候为客人提供茶间服务。同时要注意：需介绍你所泡的茶叶知识、泡法闻香等，还要跟客人说明你所泡茶的次数，让客人有心理准备；随时关注客人茶杯中有无茶水；如茶叶变淡需提醒客人再换一泡。

（5）退出包厢。经过客人允许之后退出包厢，客人有需要叫声"茶福"，便及时为客人服务。退出包厢之后，需站在门口，随时服务客人。

5. 结账服务

（1）当客人示意结账时，茶艺员核对茶单，确认无误后，方可让客人买单，同时，提示客人携茶单自行到楼下收银台结账。

（2）收银员应问清付款方式、消费金额。

（3）收银员应询问客人是否需开具发票。

（4）收银员将找零及发票双手递送给客人，并致谢："这是发票和找您的零钱，请收好。"

（5）递账单时，身体前倾，不能离客人太近或太远，声音放低但清楚地报出所消费金额。

（6）结账后，提醒客人将消费的茶品带走。

6. 送客服务

（1）茶艺师主动征求客人意见，并将意见记入记录本中。

（2）服务员要把客人送到门口提前帮客人拉开门，再次提醒客人携带好随身物品，与客人热情告别，欢迎其再次光临并目送客人离开。

（3）客人离开后，服务员要检查品茗区域客人遗留物品。

（4）清理桌面、地板，将所有茶具归总，切断电源，把茶具送到保洁台，恢复花样席布置。

（5）再一次检查包厢。

（6）写工作总结以便下次更好地服务。

三、茶水服务注意事项

1. 服务中的注意事项

（1）进入包房前要先敲门，得到允许后方可进入。

（2）服务毕，将门关好后离开。

（3）服务时，注意不要将茶汤洒到客人身上，如果出现此种情况，应及时向客人道歉。

（4）客人对茶有异议时，茶艺师应做出准确、合理的解释。客人提出无理要求时，要心态平和、保持冷静并及时报告店长或经理处理。

（5）在工作时间，任何一名员工在店内看到客人或自己的上级都要礼貌问候。

2. 茶的冲泡注意事项

在各种茶叶的冲泡中，茶叶的用量、水温和茶叶的浸泡时间是冲泡的三个基本要素。

（1）茶量。冲泡不同类别的茶叶，使用不同的茶具，茶叶的投放量也有差异。

（2）水温。泡茶水温的高低，与茶的老嫩，条形松紧有关。大致说来，茶叶原料粗老、紧实、整叶的，要比茶叶原料细嫩、松散、碎叶的茶汁浸出要慢得多，所以冲泡水温要高。

（3）时间。泡茶时间必须适中，时间短了，茶汤会淡而无味，香气不足；时间长了，茶汤太浓，茶色过深，茶香也会因散失而变得淡薄。

表4－1　茶水服务流程标准

服务名称	服务流程标准
（一）茶水服务前准备	1. 卫生、器皿摆放标准 （1）要求所有的茶具、咖啡器皿、玻璃器皿均无破损、无水印、无油渍； （2）所有的茶具统一按正常配比要求准备好，配齐、配足；

续表

服务名称	服务流程标准
（一）茶水服务前准备	（3）开水器内按标准放好水，提前准备好并保证水的热度； （4）茶水单要摆放在茶台上面，无水渍、无散开现象，了解当天供应品种、茶水、咖啡及估清； （5）槟榔、香烟、开心果、瓜子、口香糖等，所有的食品按配比准备好并及时补充。 2. 摆放检查标准 （1）台面摆设：台面上要无水渍、无垃圾，台面上的物品（烟缸、茶水单、花瓶）摆放于餐台中心； （2）展示台摆放：展示台上茶具按分类要求摆放，整齐美观，干净清洁，严禁放私人物品，展示台上的开水器、茶壶、茶叶、咖啡器皿、咖啡、食品应按要求摆放，整齐划一； （3）沙发椅摆放：沙发、椅子按要求摆放在固定位置，保证干净、整齐、美观。 3. 电器设备检查标准 （1）检查所有电器是否摆放于指定位置； （2）检查所有电器是否正常运作，如果不能运作及时报修； （3）检查所有电器卫生，保证无灰尘、油渍。
（二）茶水服务	1. 茶水服务流程标准 （1）上水果："先生/小姐，您好，请问您喜欢哪种水果，我们这里有××水果"，然后服务员根据客人点的水果装盘，并上茶碟和果叉给客人； （2）取食品：如客人需要食品，服务员应问清楚品种、数量、口味。将食品送给客人时说："您好，这是您需要的食品，请慢用"； （3）按客人要求泡茶水； （4）打单：当客人不再添加食品和茶水时，服务员应将账单拿到收银台打单，打单后审单，保证准确无误； （5）结账：将账单夹在买单内，从客人右边给客人，并说"这是您的账单，请过目，一共消费××元，收您××元，找零××元，谢谢"； （6）送客：客人离席时，要主动给客人拉椅，并提醒客人带好随身物品，并送至酒楼门口，说："谢谢光临，请慢走，欢迎下次光临！" 2. 巡台服务标准 （1）注意客人就餐情况，勤巡视客人台面，随时发现并解决问题，良好的服务体现在客人要求之前； （2）服务员巡台时要灵敏，动作要轻，做到"三轻"（走路轻、说话轻、操作轻）、"四勤"（手勤、脚勤、眼勤、口勤），眼观六路，耳听八方； （3）要做到勤加：及时为客人添加茶水，客人杯中茶水剩1/3时添加；勤换：勤换烟缸，骨碟、烟盅内有两个烟头或杂物时，应予以更换； （4）如果客人要谈重要事情，服务员不能打扰客人，更不能询问一些好奇的话题。
（三）茶水服务结束	1. 客人走后，检查烟盅内是否有没熄灭的烟头，如有烟头未灭，则用茶水烧灭 2. 收拾台面 （1）先摆好椅子后撤茶具； （2）撤茶具时，先撤玻璃器皿，后撤骨质器皿，注意分类摆放，小心操作； （3）清理茶台面上的茶汤与垃圾，用干净的抹布清理干净； （4）收拾完毕，恢复台面，迎接下批客人。

[案例] 祁门红茶沏茶操作流程

1. 准备茶具

器具主要有：玻璃壶、玻璃杯、茶荷、水方、随手泡、“茶艺六君子”、储茶器、方巾等。

2. 宝光初现

祁门工夫红茶条索紧秀，锋苗好，色泽并非人们常说的红色，而是乌黑润泽。国际通用红茶的名称为“Black Tea”，即因红茶干茶的乌黑色泽而来。请来宾欣赏其色被称为“宝光初现”。

准备茶具

宝光初现

3. 温热壶盏

将初沸的水注入瓷壶及杯中，为壶、杯升温。

4. 王子入宫

用茶匙将茶荷或赏茶盘中的红茶轻轻拨入壶中。祁门工夫红茶也被誉为“王子茶”，故称“王子入宫”。

温热壶盏

王子入宫

5. 悬壶高冲

这是冲泡红茶的关键。冲泡红茶的水温要在100℃，初沸的水，正好用于冲泡。而高冲可以让茶叶在水的激荡下充分浸润，以利于色、香、味的充分发挥。

6. 分杯

用循环斟茶法，将壶中之茶均匀地分入每一杯中，使杯中之茶的色、味一致。

悬壶高冲

分杯

7. 敬茶

恭敬地将汤色澄亮的一杯红茶敬奉给客人。

8. 鉴赏汤色

红茶的红色，表现在冲泡好的茶汤中。祁门工夫红茶的汤色红艳，杯沿有一道明显的“金圈”。茶汤的明亮度和颜色，表明红茶的发酵程度和茶汤的鲜爽度。再观叶底，嫩软红亮。

敬茶

鉴赏汤色

9. 品味鲜爽

闻香观色后即可缓啜品饮。祁门工夫红茶以鲜爽、浓醇为主，与红碎茶浓强的刺激性口感有所不同。滋味醇厚，回味绵长。

任务3 咖啡服务

一、营业前准备工作

1. 摆台

摆台物品（台卡、烟灰缸、纸巾盒等）应保持干净、完整无损，摆台物品如印有咖啡厅标志，标志须朝向客人一面。

操作要点：

（1）纸巾盒：以咖啡杯图案正面面向客人为准。

（2）烟灰缸：以英文字母面向客人为准。

（3）四方桌：台卡、纸巾盒、烟灰缸三者靠桌边呈三角形摆放。台卡、纸巾并列在后，烟灰缸在其之前。

（4）长方桌：台卡、纸巾盒并列靠桌边摆放，烟灰缸居中。

2. 餐具准备

（1）餐具必须配套使用，确保咖啡杯、底碟、咖啡勺无遗漏。

（2）咖啡杯、碟、勺、奶盅、糖缸要经过高温消毒，干净无污、无破损、无水迹。

（3）检查糖奶碟整洁度，要求无水渍、无缺口。

（4）确保咖啡糖、奶块质量合格，无破口，干净卫生。

二、咖啡服务流程

1. 迎客

在咖啡厅里，一般不会设专职的迎宾员，所以每一个员工都要有迎宾的意识，即使没有站在迎宾的位置，见到客人都应主动打招呼并热情接待。

操作要点：

（1）迎宾员由服务生轮流充当（须根据具体情况安排）。

（2）待客时，女生应双脚后跟并拢，脚尖呈45°分开，用右手握住左手虎口位置，双手自然相交于小腹（肚脐）前，手臂弯曲角度约为45°（以上手臂为轴，小手臂与之延伸线之间的角度）。抬头挺胸，目光平和且平视前方，面带微笑。男生应双脚与肩同宽，双手自然相交于背腰处，用左手握住右手虎口位置，右手手掌打直。当客人距门约1米处时，主动拉门并微笑相迎，客人走近时，略略弯腰示意，15°是最理想的鞠躬角度。

（3）待客时，站立位置与门相距约为一步。

2. 领位

操作要点：

（1）客人由迎宾带来时，其他服务人员应微笑着问候对方。

（2）根据客人的人数或要求来安排相应的位置。

（3）将富有朝气的客人尽量安排在窗边。

（4）伤残人士尽量安排靠近洗手间的位。

（5）如有订座，问清区域后直接领座。

（6）不能将散客引领于已订座的位子。

3. 点单

操作要点：

（1）服务用语（×××请点单），切忌问客人“要什么”。

（2）熟悉咖啡单所有内容及咖啡特点，针对客人口感推荐咖啡，当客人犹豫时，可向其推荐本店的特色咖啡。

（3）点单时要问清与所点咖啡有关的特殊要求。

4. 开单

操作要点：

（1）开单时清楚而准确地写明所点咖啡的内容，并向客人复述一遍，确保无误。

（2）开单时须写清日期、台号、人数、开单人姓氏及内容。

（3）离开时使用服务用语“请稍等”。

（4）有特殊要求时交单时应提醒吧台，如有儿童应先出儿童的咖啡。

5. 咖啡上桌

操作要点：

（1）咖啡上桌前先使用服务用语“您好”或“打扰一下”。

（2）清理台面，上桌时应示意客人所点咖啡名称，如不清楚谁点的哪种咖啡，可先询问“请问谁点的×××咖啡”。

（3）如有长者或儿童应先上他们所点的咖啡。

（4）一般从客人左侧上咖啡，将咖啡杯置于咖啡底碟上，杯把朝向客人；咖啡勺平行于咖啡杯放置右边，勺把朝向客人。

（5）将咖啡糖和奶整齐有序地置放于圆碟上。圆碟上部分摆两盒奶块，正面向上，尖头指向圆碟下方；下部分分别摆放两袋白糖和两袋红糖（左白右红），商标朝上。将备好的糖奶碟置放在每两位客人中间。

（6）操作时须把托盘移开以免影响客人。

（7）一切就绪后，左手托盘，使用手势及服务用语“请慢用”。

（8）离开时将托盘背面贴近身体，用手臂夹带着行走即可。

6. 巡台

巡台是整个服务流程的核心部分，也是优质服务的体现。每个员工都应有良好的巡台习惯。在服务的过程中，应勤换烟灰缸、渣篮，勤加水等。应随时留意客人的意向，想在客人想之前，做在客人做之前。

操作要点：

（1）巡台时，根据桌数备好相应的烟缸及一块干净的抹布。

（2）抽烟的客人较多时，可在桌面上多摆放几个烟缸。

（3）更换烟灰缸：将干净的烟灰缸，盖在装了垃圾的烟灰缸上，一同从桌上撤下来，并在托盘上更换，再把干净的烟灰缸放在桌上即可，注意不能发出太大的声音（烟灰缸里的烟头不能超过2个）。

（4）根据实际用量，将现磨咖啡粉接入咖啡壶内，及时添加给客人（切勿添加冷咖啡）。用备料齐全的糖奶碟替换桌面上需要补充的糖奶碟。

（5）巡台时，除了要换烟缸外还须及时为客人清理桌面。如擦拭桌面水迹、烟缸灰等，随时保证桌面干净整洁。

（6）及时撤去用完的杯具，将用后的糖纸、奶盒及时清理干净。客人不再需要添加咖啡时，将咖啡杯从客人的右首边撤走，撤收标准为：以咖啡喝完见杯底为准。使用服务用语：“您好！请问用完的杯具可以撤收了吗？”

（7）当客人呼唤而不能马上过去服务时，应及时回应：“好的，请稍等！”如遇不小心将饮品打翻时要镇定，以免造成客人不必要的惊慌（根据情况适时地使用服务用语以缓和气氛），用纸巾或是毛巾立即将桌面擦拭干净，再用拖把将地面拖拭干净。

7. 结账

操作要点：

（1）当客人埋单时，先到收银台拿其账单（将账单夹在结账夹里），请其核对；

（2）将客人付的现金放入收银夹里，如有找零的情况，需把零钱放入收银夹，打开递给客人。服务用语："您好这是找您的零钱请点收"。

8. 送客

提醒客人带好随身携带的物品，并及时拉门送客。服务用语："谢谢光临请慢走"、"欢迎下次光临"。

9. 收台

收台时，左手托盘，右手将杯具分类依次放入托盘内，尽可能一次将杯具装入托盘内，迅速将桌面清理干净，将物品摆放整齐。

三、咖啡服务过程中的注意事项

（1）在迎宾的过程中，以先来的顾客优先服务为原则，如为顾客接拿物品、寄存物品、雨天打伞接送顾客并妥善保管雨伞等。观察分析顾客，熟客要称呼姓氏，态度要亲切，留意营业厅空台的分布情况。

（2）在领位过程中，各区域人员要相互配合主动迎接顾客，尽量满足顾客选择座位的要求，若顾客对所引领的座位不满，应灵活改变带位方向，为顾客指示方向时，请用规范手势指引，不能用手指点，不可背向顾客，身体应微侧，目光随时留意顾客的要求。

（3）在顾客落座之前帮顾客拉位，打手势请顾客入座，主动帮顾客接拿外套，放于椅子扶手上，并提醒顾客看管好自己的贵重物品。

（4）在客人点单过程中，点单员要清楚各种咖啡的价格、制作时间，以及当天的推销种类，探悉顾客的口味，引导顾客消费。不能强迫顾客消费。需要长时间制作的咖啡应事先告知顾客；切忌将身子贴在桌子上，或将单本贴在腹部，趴在桌面写单；为顾客介绍咖啡时，可以打手势，切忌用手指或笔在餐牌上指点；当顾客提及某种咖啡时，服务员要确认顾客是否要点此咖啡，而不是直接将此咖啡写在单本上；复单时，应边看单边注意顾客的表情，不可旁若无人；划单时，将红单/绿单垫在白单下，请相关人员签字确认后方可。

（5）下单时，夹台号夹时要确保夹子的台号、数量与红绿单一致，撕坏的单应及时订回单本。

（6）在下单后，咖啡在正常的出品时间内未出品，区域服务员应主动巡视查单，确认下单时间后主动为客人催单，其目的是避免漏单。带上托盘、毛巾、纸巾夹、烟灰缸留意顾客用餐及台面卫生情况。及时清理台面，主动跟催产品，适时询问顾客对餐厅的满意度。所有加水、换烟灰缸的工作均以不打扰顾客就餐为原则，留意其他区域的同事是否需要协助。

（7）客人买单时，寻找机会询问顾客对产品、服务、价格、卫生等方面的满意程度，当顾客提出疑问时，耐心地向顾客解释；收到现金或找零时，要当面在顾客面前点清，并迅速辨别钞票的真伪，并同时致谢；买单时必须做到现收现付。

（8）收撤时，禁止在顾客台面上将剩余食品倒在一起，以及用手拿食品等不雅行为；

收撤时必须使用托盘，先收较大的器具，再收零散的器具，合理利用空间；最后清理台面。收撤时，身体微侧，端托盘的手不可倾斜，更不可越过顾客头顶或桌面。撤餐具时，应平而稳，不可有杂屑掉在顾客的桌面或顾客身上。收台时，尽量一次性完成，将高的、重的、玻璃器具放在托盘里面，清理完后将台面摆设物品、桌椅，按规范摆放整齐，同时检查桌椅、地面卫生。

（9）送客人时，要确认顾客是否离开，避免因顾客是外出取物或转台而产生误会。提醒顾客有无遗漏随身携带的物品，若顾客没买单离店时，应委婉地提醒顾客，让其察觉自己尚未买单。

（10）员工在使用带电的器具时，务必保持双手干燥。当发现所使用的带电的器具发生故障时，首先应拔掉电源。同时，带电的器具上的自控按钮不许固定死，以免电线短路时失去控制，引发事故。

（11）咖啡热炉的安全使用。咖啡热炉在使用时才插上电源，调至中档；在对咖啡进行保温时，注意及时添加咖啡，避免烧干；使用完后，关闭电源，用布巾擦干净，待其冷却后收起。

（12）电动磨咖啡机的使用过程中应注意：使用前安全通电，将咖啡豆放入后，盖好上盖并仔细检查；采用间歇式操作，即每23秒停一下；尽量不要连续使用；连续使用时，应尽量缩短时间，最长可连续使用三次，三次后必须停用，待冷却后继续使用；使用完毕后，要断电并清洗干净。

任务4　果汁及其他饮料服务

一、果汁及其他饮料服务流程

1. 准备

（1）吧员参加完班前会后，到吧台核对上日晚结存酒水与账目是否相符，准备当天的工作。

（2）吧员先将负责的吧台等区域的卫生打扫干净，再检查负责的区域范围内的设施设备是否完好，若发现有损坏的设施设备应立即打维修单通知工程部维修。

（3）吧员检查酒水、低耗物品等是否够用，开出需领取的物料单，到相应的库房凭领料单领相应物品。

（4）将物品分门别类地摆放整齐，并准备好用具用品，准备营业。

2. 下单服务

（1）为客人写订单，仔细确认单据的时间、酒水名、数量、金额是否有误。若发现有未按规定书写的应立即要求重新开单，直至正确为止。

根据服务员开出的酒水单据，取出瓶装或罐装饮料、饮料杯、柠檬片、冰块、杯垫等。饮料杯应干净、无水迹、无破损，时间不得超过5分钟。

（2）将饮料和杯具放于托盘上。

（3）注意饮料一定要当客人面开启。要注意，各种果汁不加冰和柠檬，各种矿泉水只加柠檬不加冰，除了依云水。各类饮料不能过期，果汁保证新鲜。

3. 饮料服务

（1）用托盘放各种软饮料，并配干净杯垫，将饮料杯放于客人右手侧。

（2）从客人右侧按顺时针方向服务，女士优先、先宾后主。

（3）把干净的杯垫放在桌上，把酒店的标志朝向客人，再将饮料杯放在杯垫上，然后将饮料倒入杯内。速度不宜过快，一般倒饮料入饮料杯至3/4满（倒饮料时也要将商标面向客人并不要将瓶碰到海波杯）。

（4）如没有倒完再取一个杯垫放在原杯垫右侧，将剩余饮料放在上面，未倒空的饮料瓶放在杯子的右前侧，商标朝向客人。

（5）如客人使用吸管，需将吸管放在杯中。

（6）当杯中饮料剩余1/3时，应及时为客人添加饮料或询问客人是否需要第二杯饮料；如果客人不在，等客人回来为其倒入饮料，如客人不需再加饮料，将空杯撤走即可。

4. 混合饮料服务

（1）将盛有主饮料的杯子放在客人右手侧。

（2）在配酒杯中斟酒，并根据酒吧要求配加饮料。

（3）使用搅拌棒为客人调匀饮料。

（4）将搅拌棒和配酒杯带回服务桌。

5. 营业结束后工作

（1）将当日开出的单据进行整理归类。对吧台剩余酒水进行盘点，检查库存与销售酒水情况是否相符，若发现吧台物品与盘点数据不符，应立即重新盘点。

（2）根据盘点数做好工作日报表。

（3）做好交接班记录。

二、果汁及其他饮料服务注意事项

（1）果汁类饮料在保存过程中，容易酸败变质（如番茄汁长时间放置后，开盖会放出大量气体，声音响），对于开封后的饮料保存期：浓缩果汁在冰箱中，10～15天；稀释后，2天；非浓缩，3～5天；鲜榨的24小时。同时，一律冷冻出品，或事先冷藏、或加入适量冰块，最佳饮用温度为10℃。果汁的载杯使用果汁杯、高杯、水杯。混合饮料须搅拌，防止出现较大的沉淀物。

（2）汽水在保存过程中，要处于阴凉的环境中，最好避光。放置在冰箱中的保质期较长，为半年到一年。同时，一律冰冻出品，Tonic Water、柠檬汽水和Coke饮用时加入一片柠檬，口感更佳。汽水的载杯常用柯林杯、果汁杯、水杯，八分满，在服务时注意避免摇晃饮料瓶，斟倒动作慢、稳。

（3）矿泉水在保存过程中，以冷藏为宜。同时，一律冷冻出品（6℃～12℃），注意，不可加冰块，但可以加入柠檬片或青柠汁增味。矿泉水的载杯使用柯林杯、水杯、高杯。

（4）领用物品时，根据昨日所售出物品数量来统计今日需领的物品数量、品名、规格，以统计出的数据开领料单，填写领料单时应写清楚品名、规格、数量。领料单填写完整后由部门经理签字确认。

【实训与评价】

［实训目的］

学生能处理客人对酒水服务的需求，能够准确地回答客人的要求，提供客人所需的服务。

［实训准备］

酒水单、酒水订单、葡萄酒、开瓶器等。

［实训方法］

小组合作法、任务驱动法、讲授法、引导法。

［实训内容］

（1）由教师扮演客人，请一位学生来扮演服务员，展示一段客人需要提供葡萄酒服务的情境过程。

（2）学生分析和制订出一套葡萄酒服务的工作程序。

（3）教师评价。

［实训步骤］

（一）由学生两人一组，进行客人葡萄酒服务模拟练习

要求：预订员应注意眼神、微笑、说话的语气、言辞的礼貌性。

（1）学生两人一组，模仿教师范例，教师给出评判。

（2）学生可以即兴发挥，教师和学生共同评价，教师给出分数。

（3）学生提出问题，教师回答。

（二）填写实训报告，实训结束

［实训评价］

班级：　　　　　　　　　　　　　　　姓名：　　　　　　　　　　　　　　　总分：

序号	项目	要求	应得分	扣分	实得分
1	仪容仪表	1. 按餐厅要求，保持个人良好的仪表、仪容、仪态，着校服，佩戴校卡	5分		
		2. 以规范的仪容仪表迎接客人	5分		
		3. 行走、站姿正确，行为规范有礼	5分		
		4. 对客人微笑、行注目礼	5分		
2	礼貌礼节	1. 礼貌用语的使用	5分		
		2. 服务态度热情、友好	5分		
3	操作程序	1. 能明确客人对葡萄酒的选择	10分		
		2. 葡萄酒下单是否标准	17分		
		3. 展示葡萄酒是否标准	17分		
		4. 葡萄酒服务是否合理	17分		
		5. 小组合作是否融洽	9分		
备注		每一组内容不能重复			

模块小结

（1）茶水服务流程及注意事项有哪些？

（2）咖啡服务流程及注意事项有哪些？

（3）软饮料服务流程及注意事项有哪些？

（4）酒服务流程及注意事项有哪些？

（5）葡萄酒服务流程及注意事项有哪些？

项目五　酒吧工作

【案例导入】音乐赶走不速之客——迎难而上未必是最好选择

美国加州斯克托克城里有一家酒吧开张不久，便遇到了意想不到的麻烦。每天总有十几个无业小青年赖在酒吧门前，他们蓄着长发，或剃着光头，穿着奇形怪状的衣服，不时地做着各种丑态并发出刺耳的尖叫，叫人望而生厌，致使酒吧的生意日趋冷清。

酒吧的女老板福皮亚诺起初以为这伙人的骚扰是暂时的，于是强装笑脸请他们进酒吧做客并以礼相待。谁知这种方法适得其反，这伙人干脆全天候赖在这里不走。

能不能叫警察来对付这伙人呢？深谙世事的女老板不敢这么做。因为她知道，就是警察抓走这伙人，过了不久也会把他们放出来，到那时情况会更糟。

福皮亚诺想了很久，决定用高薪雇来两个虎背熊腰的黑人来酒吧当保安，想镇一镇这些流氓。结果头几天这些小流氓有些收敛，几天以后，他们开始向保安挤眉弄眼，嬉戏逗弄，使得保安啼笑皆非，无可奈何。后来，两位黑人自知没有解决问题，辞职而去。

一天，女老板的老同学芬斯特来酒吧探望。当他听到事情原委，又听到酒吧间的迪斯科乐曲时，忽然灵机一动，说："何不试试用音乐驱散这些赖皮呢？你在酒吧屋檐下装一只破裂了的旧喇叭，用一台老式留声机不停地播放巴赫和贝多芬的系列古典音乐，音量最好放大到 70 分贝，这样一来，习惯了流行音乐的赖皮们或许会另择别处。"

福皮亚诺虽然对这个办法半信半疑，但由于没有别的办法，只好照计试行。在接连播放了几张古典音乐唱片之后，果然出现了奇迹：这些无赖之徒听了这些大音量、带杂音的古典音乐之后，因感觉心灵受到折磨而先后溜走。

【案例分析】

上述案例中的女老板福皮亚诺在酒吧营业过程中遇到的问题，如果欠缺考虑，直接报警或者使用其他极端的办法，可能会让酒吧的生意更加冷清。成功都差不多，方法却多种多样，在必要时可以去尝试一下"绕弯"的思路。遇到难题时硬着头皮迎难而上，一味直逼，结果会碰得头破血流。所以，避直就曲地解决问题，也不失为一种好的策略。

【学习目标】

知识目标：

1. 掌握员工服务礼仪标准及员工素质要求。
2. 掌握酒吧吧台、工作台、冰箱、酒架、杯具及调具的清洁流程。
3. 掌握酒吧营业前准备工作、营业中工作以及营业后工作流程及注意事项。

能力目标：

1. 能按照员工服务礼仪标准，熟练提供相关服务。

2. 熟练掌握员工素质要求，并能按照此要求严格执行。

3. 根据酒吧吧台、工作台、冰箱、酒架等清洁流程，对酒吧内不同区域进行清洁。

4. 根据酒吧营业前、营业中及营业后的工作流程，完成相关工作。

任务1　员工礼仪及卫生

一、员工服务礼仪

服务礼仪是各服务行业人员必备的素质和基本条件，出于对客人的尊重与友好，在服务中要注重仪表、仪容、仪态和语言、操作的规范，要发自内心地热忱地向客人提供主动、周到的服务，从而表现出服务员良好风度与素养。

（一）服务礼仪基本原则

在服务礼仪中，有一些具有普遍性、共同性、指导性的礼仪规律，这些礼仪规律即礼仪的原则。服务礼仪的基本原则具体如下：

1. 尊重的原则

孔子说，“礼者，敬人也”，这是对礼仪的核心思想高度的概括。所谓尊重的原则，就是在服务过程中，将对客人的重视、恭敬、友好放在第一位，这是礼仪的重点与核心。因此在服务过程中，首要的原则就是敬人之心常存，掌握了这一点，就等于掌握了礼仪的灵魂。在人际交往中，只要不失敬人之意，哪怕具体做法一时失当，也容易获得服务对象的谅解。

2. 真诚的原则

服务礼仪所讲的真诚的原则，就是要求在服务过程中，必须待人以诚，只有如此，才能表达对客人的尊敬与友好，才会更好地被对方所理解、所接受。与此相反，倘若仅把礼仪作为一种道具和伪装，在具体操作礼仪规范时口是心非，言行不一，则是有悖礼仪的基本宗旨的。

3. 宽容的原则

宽容的原则的基本含义，是要求在服务过程中，既要严于律己，更要宽以待人。要多体谅他人、理解他人，学会与服务对象进行心理换位，而千万不要求全责备，咄咄逼人。这实际上也是尊重对方的一个主要表现。

4. 从俗的原则

由于国情、民族、文化背景的不同，在人际交往中，实际上存在着“十里不同风，百里不同俗”的局面。这就要求在服务工作中，对本国或各国的礼仪文化、礼仪风俗以及宗教禁忌要有全面、准确的了解，才能够在服务过程中得心应手，避免出现差错。

5. 适度的原则

适度的原则的含义是要求应用礼仪时，为了保证取得成效，必须注意技巧，合乎规范，特别要注意做到把握分寸，认真得体。这是因为凡事过犹不及，假如做得过了头，或者做得不到位，都不能正确地表达自己的自律、敬人之意。

（二）员工仪态礼仪

很多职业人士，为了美化外在形象，不惜花重金去美容，购买高档的服饰。爱美之心，人皆有之，这无可厚非。但是，精心打造出来的光鲜夺目的形象，往往会被行为举止上的一些差错而彻底粉碎。修饰你的仪态美，从细微处流露你的风度、优雅，远比一个衣服架子，更加赏心悦目。

1. 站姿

（1）基本站姿。基本站姿要领：脚跟并拢，脚尖分开（女士30°左右，男士45°左右），收腹挺胸，提臀立腰，双臂下垂（自然贴于身体两侧），虎口向前，宽肩下沉，头正颈直，下颌微收，目光平视。在服务过程中，男性与女性通常根据各自不同的性别特点，在遵守基本站姿的基础上，还可以各有一些局部的变化，主要表现在其手位与脚位有时会存在一些不同。

男性在站立时，要力求表现阳刚之美。具体来讲在站立时，可以将一只手（一般为右手）握住另一只手的外侧面，叠放于腹前，或者相握于身后。双脚可以叉开，大致上与肩部同宽为双脚叉开后两脚之间相距的极限。但需要注意的是，在郑重地向客人致意的时候，必须脚跟并拢，双手叠放于腹前。女性在站立时，要力求表现阴柔之美，在遵守基本站姿的基础上，可将双手虎口相交叠放于腹前。要特别注意的是，在服务客人时，不论是男性还是女性，站立时一定要正面面对服务对象，而切不可将自己的背部对着对方。

（2）迎宾的站姿。迎宾时的站姿要求是规范、标准，即采用上述的基本站姿，双手相叠于腹前丹田处，表示对他人的尊重。客人经过时，迎宾人员要面带微笑，并向客人行欠身礼或鞠躬礼。

（3）服务时的站姿。为客人服务时，头部可以微微侧向客人，但一定要保持面部的微笑，手臂可以持物，也可以自然地下垂。在手臂垂放时，从肩部至中指应当呈现出一条自然的垂线。

（4）待客时的站姿。待客时站姿的技巧上有五个要点：一是手脚可以适当地放松，不必始终保持高度紧张的状态；二是可以在以一条腿为重心的同时，将另外一条腿向外侧稍稍伸出一些，使双脚呈叉开之状；三是双手可以采用体后背手站姿稍做放松；四是双膝要伸直，不能出现弯曲；五是在肩、臂自由放松时要伸直脊背。

（5）不良的站姿：身躯歪斜、弯腰驼背、趴伏倚靠、双腿大叉、脚位不当、手位不当、半坐半立、浑身乱动等。

2. 行走

（1）行姿的基本要点。行进姿势的基本要点是：身体协调，姿势优美，步伐从容，步态平稳，步幅适中，步速均匀，走成直线。陪同，指的是陪伴着别人一同行进；引领，则是指在行进之中为人引路。在服务中，经常有机会陪同或引导客人。

（2）引导客人时，通常应注意四点：一是本人所处的方位。若双方并排行进时，应居于左侧。若双方单行行进时，则应居于左前方约1米左右的位置，采用右手五指并拢，掌心向上的方式为其指引方向。当客人不熟悉行进方向时，一般不应请其先行，同时也不应让其走在外侧。二是协调的行进速度。在引导客人时，本人行进的速度须与对方相协调，切勿我行我素。三是及时的关照提醒。引导客人时，一定要处处以对方为中心，每当经过拐角、楼梯或道路坎坷、照明欠佳之处时须关照提醒对方留意，绝不可以不吭一声，而让对方茫然无知或不知所措。四是采用正确的体位。引导客人时，有必要采取一些特殊的体位。如请对方开始行进时，应面向对方，稍许欠身，在行进中与对方交谈或答复其提问时，应以头部、上身转向对方。

3. 目光

与人交往时，少不了目光接触。正确的运用目光，传达信息，塑造专业形象，要遵守以下规律：

PAC 规律：P—Parent，指用家长式的、教训人的目光与人交流，视线是从上到下，打量对方，试图找出差错。A—Adult，指用成人的眼光与人交流，互相之间的关系是平等的，视线从上到下。C—Childen，一般是小孩的眼光，目光向上，表示请求或撒娇。作为职场人士，当然都是运用成人的视线与人交流，所以要准确定位，不要在错误的地点、对象面前选择错误的目光，那会让人心感诧异的。

三角定律：根据交流对象与你的关系的亲疏、距离的远近来选择目光停留或注视的区域。关系一般或第一次见面、距离较远的，则看对方额头到肩膀的这个大三角区域；关系比较熟、距离较近的，看对方的额头到下巴这个三角区域；关系亲昵的，距离很近的，则注视对方的额头到鼻子这个三角区域。

时间规律：每次目光接触的时间不要超过三秒钟。交流过程中用60% ~70%的时间与对方进行目光交流是最适宜的。少于60%，则说明你对对方的话题、谈话内容不感兴趣；多于70%，则表示你对对方本人的兴趣要多于他所说的话。

4. 笑容

服务时要满面笑容，主要意在为服务对象创造出一种令人备感轻松的氛围，同时也表现出对服务对象的重视与照顾。因此，服务中要保持微笑，善于微笑。

微笑的基本做法是：先要放松自己的面部肌肉，然后使自己的嘴角微微向上翘起，让嘴唇略呈弧形，在不牵动鼻子、不发出笑声、不露出牙齿的前提下，轻轻一笑。但在问候、致意、与人交谈时，露出上排八颗牙齿的笑容比较亲和。

5. 手势运用

通过手势，可以表达介绍、引领、请、再见等多种含义。手势一定要柔和，但也不能拖泥带水。

6. 形象要求

酒吧员工的仪容、仪表，直接影响酒吧的形象。在着装上，按酒吧要求着装，保持整洁、合身，反映出岗位特征；在神态上，通过脸部表情及眼神变化来吸引顾客，即眼神应充满自信神采；在语言上，通过礼貌的语言，来表达对顾客的关心和重视；在员工精神上，要规范酒吧员工服务规范，体现酒吧的团体精神和员工的合作精神，给客人一种训练有素的感觉，强化酒吧的形象。

（三）员工礼貌用语规范

在服务岗位上，要求能准确而适当地运用礼貌语言。

1. 常用礼貌用语类型

（1）问候用语。在服务过程中，以下五种情况下必须使用问候语：一是主动服务于他人时；二是他人有求于自己时；三是他人进入本人的服务区域时；四是他人与自己相距过近或是四目相对时；五是自己主动与他人进行联络时。

标准式问候用语的常规做法：在问好之前，加上适当的人称代词，或者其他尊称，例如“你好”、“您好”、“大家好”等。时效式问候用语，是指在一定的时间范围之内才有作用的问候用语，如“早安”、“早上好”、“中午好”、“下午好”、“晚上好”、“晚安”等。

（2）迎送用语。最常用的欢迎用语有：“欢迎”、“欢迎光临”、“欢迎您的到来”、“见到您很高兴”、“恭候您的光临”等，往往离不开“欢迎”一词。但在客人再次到来时，可在欢迎用语之前加上对方的尊称，如“先生，真高兴再次见到您”、“欢迎您再次光临”等，以表明自己尊重对方，使对方产生被重视之感。在使用欢迎用语时，通常应当一并使用问候语，并且在必要时还须同时向被问候者主动施以见面礼，如注目、点头、微笑、鞠躬、握手等。

最常用的送别用语主要有：“再见”、“慢走”、“走好”、“欢迎再来”、“一路平安”等。需要注意的是，送别乘飞机的客人时忌讳说“一路顺风”。

（3）请托用语。通常指的是在请求他人帮忙或是托付他人代劳时，应当使用的专项用语。在向客人提出某项具体要求或请求时，都要加上“请”字。

（4）致谢用语。在下列六种情况下，应及时使用致谢用语，向他人表白本人的感激之意：一是获得他人帮助时；二是得到他人支持时；三是赢得他人理解时；四是感到他人善意时；五是婉言谢绝他人时；六是受到他人赞美时。

（5）征询用语。服务过程中，需向客人进行征询时，要使用必要的礼貌语言，才会取得良好的反馈。一般有下述五种情况：一是主动提供服务时；二是了解对方需求时；三是给予对方选择时；四是启发对方思路时；五是征求对方意见时。

（6）应答用语。在服务过程中，所使用的应答用语是否规范，往往直接地反映其服务态度、服务技巧和服务质量。例如，在答复客人的请求时，常用的应答用语主要有：“是的”、“好”、“很高兴能为您服务”、“好的，我明白您的意思”、“我会尽量按照您的要求去做”等。重要的是，一般不允许对客人说“不”字，更不允许对其置之不理。

（7）祝贺用语。在服务中，有时有必要向客人适时地使用一些祝贺用语。在不少场合，这么做不但是一种礼貌，而且也是人之常情。如“祝您成功”、“身体健康”、“节日愉快”等。

（8）推托用语。拒绝别人也是一门艺术。在工作中有时也需要拒绝他人，此时必须语言得体，态度友好，不能直言“不知道”、“做不到”、“不归我管”、“问别人去”等。

（9）道歉用语。当我们的服务不到位或出现差错时，应真诚地向客人道歉。常用的道歉用语有“抱歉”、“对不起”、“请原谅”等。

2. 文明用语规范

在服务中，尽量多用雅语，即用词用语要力求谦恭、敬人、高雅，忌粗话、脏话、黑话、怪话与废话，以展示良好的教养。

3. 称呼的礼节

服务礼仪规定，在任何情况下，服务人员都必须对服务对象采用恰当的称呼。要做好这一点，具体应当从四个方面来着手。

（1）区分对象。在服务中所接触的对象包括国内和国际的各界人士，由于彼此双方的关系、身份、地位、民族、宗教、年龄、性别等存在着一定的差异，因此在具体称呼服务对象时，服务人员最好是有所分别，因人而异。根据惯例，称呼的使用有着正式场合与非正式场合之分。

正式场合使用的称呼，主要分为三种类型。一是泛尊称，例如“先生”、“小姐”、“夫人”、“女士”等；二是职业加泛尊称，例如“司机先生”、“秘书小姐”等；三是姓氏加职务或职称，例如“张经理”、“李科长”、“王教授”等。使用于非正式场合的称呼，可以直接以姓名、名字、爱称、小名、辈分等相称，但在服务中不采用。

（2）照顾习惯。在服务中称呼他人时，必须考虑交往对象的语言习惯、文化层次、地方风俗等，并分别给予不同的对待。例如“先生”、“小姐”、“夫人”一类的称呼，在国际交往中最为适用。

（3）有主有次。需要称呼多位服务对象时，要分清主次，标准的做法有两种：一是由尊而卑，即在进行称呼时，先长后幼，先女后男，先上后下，先疏后亲。二是由近而远，即先对接近自己者进行称呼，然后依次向下称呼他人。

（4）严防犯忌。在称呼方面，有可能触犯的禁忌主要有两类：

1）不使用任何称呼。有些服务人员平时懒于使用称呼，直接代之以“喂”、“嘿”、“下个”、“那边的”，甚至连这类本已非礼的称谓索性也不用。这一做法，可以说是失敬于人的。

2）使用不雅的称呼。一些不雅的称呼，尤其是含有人身侮辱或歧视之意的称呼，如“眼镜”、“矮子”、“瘦猴”等是绝对忌用的。

4. 服务忌语

在服务中必须杜绝以下四类服务忌语：

一是不尊重之语。如触犯了服务对象的个人忌讳，尤其是与其身体条件、健康条件方面相关的某些忌讳。如面对残疾人时，切忌使用“残废”、“瞎子”、“聋子”等词；对体胖之人的“肥”，个低之人的“矮”，都不应当直言不讳。

二是不友好之语。即不够友善，甚至满怀敌意的语言。

三是不耐烦之语。在接待工作中要表现出应有的热情与足够的耐心，要努力做到：有问必答，答必尽心；百问不烦，百答不厌；不分对象，始终如一。假如使用了不耐烦之语，不论自己的初衷是什么，都是属于犯规的。

四是不客气之语。如在劝阻服务对象不要动手乱摸乱碰时，不能够说“别乱动”、“弄坏了你得赔”等。

二、员工素质要求

（一）员工仪容仪表的要求

员工在进入岗位开展对客服务之前，必须先检查自身的仪表仪容，确保符合标准要求，具体内容如下：

（1）发型美观大方，梳理整齐。男员工发际线侧不过耳，后不过领（不超过酒吧规定的长度）；女员工长发需用深色发卡束起，不得披肩，不得戴太夸张的发饰，只宜戴轻巧大方的发饰，头发不得掩盖眼部或脸部；头发常洗，不得有头屑。

（2）面容清洁。男员工经常修面，清爽怡人，不留胡须；女员工化淡妆，不可浓妆艳抹，只宜稍作修饰，淡扫蛾眉，轻涂口红，轻抹胭脂即可。

（3）服装须熨烫平整，纽扣齐全，干净整洁，服务工号牌端正地佩戴在左胸处。

（4）应经常洗澡，身上无异味，保持皮肤健康，女员工不要用气味强烈的香料（香水）。

（5）手部保持清洁。男员工不得留长指甲、指甲要干净，指甲内不得藏污垢；女员工不得留太长指甲，不宜涂鲜红指甲油，只允许涂淡色的。

（6）穿鞋统一。男员工要穿清洁的鞋子、黑色袜子；女员工要穿清洁的鞋子，要穿酒吧规定的袜色（大多数为肉色丝袜），每天上班前要擦亮鞋子。

（二）员工素质的要求

员工在进入岗位开展对客服务之前，必须养成良好的自身素质，确保能够为客人提供优良的服务，具体内容如下：

（1）具有优良端正的品行，作风正派。因涉及资金、价格优惠及酒吧经营策略方面等，员工必须有较高的品行修养，坦诚、遵纪守法、原则性强，要为客人保守秘密，也应当为酒吧严守商业秘密，同时不能够利用工作之便牟取私利，损害酒吧利益。

（2）具有良好的气质，身体健康，五官端正，面带微笑，主动热情，性格外向，反应敏捷，记忆准确，表情自然，具有较强的审美能力。

（3）要有一定的文化修养，而且应当有较广的知识面和丰富的专业知识，具有机智灵活的处理能力，具备与各类型客人交谈应对的能力，了解一般的经济、旅游、民族风情、风俗习惯等知识。

（4）应当有较强的语言表达能力，口齿伶俐，语调优美，语速适中，语言技巧熟练，而且至少掌握一门外语，能够用客人使用的语言与客人交流。

（5）工作效率的高低、服务速度的快慢、工作差错的多少，直接关系到酒吧的服务质量、管理水平及酒吧形象，因此，前厅部员工必须业务熟练、工作细心，对待每一项工作都要做到快捷、准确、优质，缺一不可，故要求员工必须掌握业务操作和流程标准。

（6）员工应该有较好的工作习惯和生活习惯，应当随时保持较好的站姿，做到行为规范，举止大方，谈话嗓门适中。平时不喝酒，不吃大蒜、韭菜等有刺鼻气味的食物，养成良好的生活习惯。在客人面前始终保持良好的精神面貌和个人形象。

（7）要有敬业乐业的精神，对客人的要求要敏锐、反应快，及时向上级或同事准确地传递信息，应该具有较强的灵活应变能力和吃苦耐劳的能力，具有较强的同情心和爱心，做好每一天的工作。

任务2　设备、用品的清洁卫生

酒吧清洁卫生工作是一项极为细致的工作，它不仅关系到酒吧整体经营环境的整洁、美观，而且还会影响到客人的身心健康，同时，在清洁卫生过程中，要正确操作，确保不影响酒吧设备和器具的使用寿命。

一、吧台与工作台的清洁

（一）吧台的清洁

酒吧的吧台是客人饮酒的地方，属于客用区域，设置吧台时，必须将吧台看作是酒吧完整空间的一部分，而不单只是一件家具，好的设计能将吧台融入整个酒吧中，吧台台面在装修时通常采用大理石或高级木料，质地坚硬、光滑。由于该区域常被客人使用，经常会被酒水、饮料弄湿甚至弄脏，如不及时清理就会在吧台表面积下污垢，形成硬结的点块状污渍，长此以往不但污垢难以清除，而且还会使吧台表面失去光泽，显得污秽不堪。吧台的清洁流程是：

（1）首先用湿抹布将吧台擦拭一遍，尤其要注意擦净台面的浮尘和酒渍。

（2）在污垢或酒渍较重的部位喷洒少许清洁剂或去污剂，再次用抹布仔细擦拭，直到污渍全部擦净为止。

（3）用干抹布再次擦拭吧台台面，确保擦掉全部的污渍。

（4）最后在吧台表面喷上蜡光剂或保养剂以使吧台台面光滑如新。

由于吧台在营业期间，调酒师就应不断清洁整理，因此，污渍和污迹相对较少。所以每天营业前，调酒师一般使用抹布擦拭后，喷上蜡光剂或保养剂，再使用干毛巾擦拭，使其光亮如新即可。同时，在吧台保养过程中要注意：吧台的木质表面须避免放置饮料、化学药剂或过热的物品，以免损伤木质表面的天然色泽；当污垢较多时，可用稀释过的中性清洁剂佐以温水先擦拭一次，再以清水擦拭，记得以柔软的干布擦去残留水渍，待完全擦净后，再使用保养蜡磨亮。

（二）工作台的清洁

工作台一般位于吧台的下方，以不锈钢台面为主。在绝大多数酒吧，通常使用卧式冰柜做冷藏柜，冰柜的表面即兼做工作台。在工作台上一般除常用的调酒用具、服务用具外，还会根据其面积大小适当摆放一些常用杯具。

工作台面的清洁方法相对比较简单：首先将工作台上的所有物品全部移开，然后用湿抹布将台面认真擦拭一遍，对污迹较明显的地方再用清洁剂仔细擦净，清洁干净后用干毛巾擦干，最后在相应位置铺上干净口布或台布，将调酒用具、杯具等归复原位。

二、桌椅、工作柜的清洁

（1）酒吧的小餐桌在每天营业前必须擦净桌面，使其洁净光亮，清洁方法与吧台清洁方法相同。此外，还应定期对桌腿进行清洁，除去桌腿上的灰尘脚印，清洁方法是用湿抹布湿拭桌腿，除去桌腿上所有的灰，对鞋油等污渍喷洒少量清洁剂反复擦拭，直到擦净为止。

（2）酒吧使用的座椅种类较多，清洁方法也不一样，对木质、铁质类的硬座椅的清洁相对比较简单，只需用湿抹布将椅背、椅腿擦拭干净即可。对沙发、圈椅等软包类座椅则应定期吸尘，并对扶手等容易弄脏的部位由保洁员进行干洗去渍。吧台前的高脚吧凳除了每天清洁，保持其卫生外，还应对吧凳的旋转轴进行检查、保养，定期添加润滑油，使其旋转灵活自如。

（3）工作柜是酒吧服务员贮存服务用品的地方，每天必须对其进行清洁、整理，既要保持其清洁卫生，又要使其整齐划一，避免工作柜杂乱无章。

三、冰箱、冰柜的清洁

冰箱、冰柜是酒吧冷藏酒水、饮料的工具，由于经常堆放酒瓶、罐装水果和听装饮料，很容易在隔架层上形成污渍，所以必须坚持每天使用湿抹布擦拭，以保证其外表清洁无尘，同时，三天左右必须对冷藏柜内部彻底进行清洁消毒，从底部壁到网隔层，确保卫生安全。冰箱、冰柜一般有卧式和立式两种。卧式冰柜通常位于吧台下部，同时兼做操作台；立式冰柜由于其正面是玻璃，有很好的观赏性，通常放置在酒吧的边缘，有的甚至放在酒吧的外侧。

（一）卧式冰柜的清洁方法

卧式冰柜的清洁工作一般分外部清洁和内部清洁两方面。

卧式冰柜外侧一般为不锈钢制品，所以相对来说比较容易清洁，日常的清洁方法是用湿抹布将冰柜外侧全面擦拭一遍，对污渍比较严重的部位少量喷洒一些清洁剂，然后用抹布擦干净即可。卧式冰柜最难清洁的部位是冰柜的门和拉手。由于每天接触次数较多，冰柜的门和拉手最容易沾上污渍，因此，在清洁冰柜门和拉手时需使用专用清洁剂喷洒污渍严重的部位，然后仔细擦净。除日常卫生外，每周需对冰柜做一至两次计划卫生，即对冰柜进行彻底清洁。计划卫生时除对冰柜表面去污渍外，还需使用不锈钢清洁剂进行全面清洁和抛光，使冰柜外表始终保持光洁亮丽。

卧式冰柜内侧的清洁相对来说比较复杂一些，一般是按卫生的要求每周清洁一两次，具体的清洁步骤是：

（1）将冰柜电源切断。

（2）取出冰柜内所有酒水、饮料。

（3）取下冰柜网隔层。

（4）用湿抹布擦拭冰柜内壁，对重点污渍、容易积垢的隔层架等部位要进行彻底清洁。

（5）清洁冰柜底部的积水、积垢，并用少量清洁剂去除底部锈斑，对冰柜内侧、角落要清理干净，不留卫生死角。

（6）用干净抹布再次清理冰柜底部。

（7）用清洁剂擦拭网隔层，并用清水冲净、擦干。

（8）重点清洁冰柜门内侧的密封圈。冰柜密封圈一般由橡胶制成，长期使用后容易严重积垢，不但影响其美观，而且容易滋生细菌，因此，必须定期进行清洁。具体清洁方法是先用温水擦拭一遍密封圈，然后喷洒一些碱性清洁剂，1～2 分钟后再用抹布或清洁布仔细擦拭，对一些重污垢区在擦拭时可以再喷洒少许清洁剂，直到污垢去除为止，全部擦净后再用温热的抹布将密封圈擦干净。

（9）全部清洁完毕后将网隔层恢复原位，并将需冷藏的酒水、饮料逐个擦拭干净后放入冰柜。

（10）开启冰柜电源，使其正常工作。

（二）立式冰柜的清洁方法

立式冰柜在酒吧又兼做酒水饮料的展示柜，要求冰柜内外始终保持整齐、清洁、美观，切忌杂乱无章，污秽不堪。因此，立式冰柜每天都必须保持内外整洁。立式冰柜外侧由于三面面向客人，保持其清洁卫生对酒吧环境和气氛的营造至关重要。在进行酒吧日常卫生工作时，每天必须将冰柜外侧擦抹干净，特别是冰柜的玻璃门，要求清洁光亮，无任何污渍、水迹。一般的清洁方法是用湿抹布擦抹冰柜外侧，对冰柜上的果汁、污渍、水迹等要进行特别处理，确保擦干擦净。冰柜的玻璃门每天必须用玻璃清洁剂擦抹，确保其光亮透明，门把手是最容易藏污纳垢的部位，清洁时需用清洁剂喷洒去污，然后再用干净抹布将把手内外擦净。冰柜内由于堆放罐装饮料和酒类使底部形成油滑的尘积块，3 天左右必须对冰柜彻底清洁一次，从底部、壁到网隔层，以确保饮料和酒类的卫生。

立式冰柜的内侧清洁方法与卧式冰柜的清洁方法基本相同，唯一要注意的是在贮存酒水时要注意将酒水按类摆放整齐，数量不宜过多，酒水的外表应擦拭干净，不留任何灰尘和污渍。另外，立式冰柜在使用前必须彻底清除冰柜上的广告等杂物，以保持冰柜的整洁，平常酒吧举行特别推销等活动时也不宜往冰柜上贴宣传画等，以防时间长了，宣传画破损或不干胶清除不彻底吸附灰尘等，影响到冰柜外观上的整体形象。

（三）注意事项

酒吧的环境比较特殊，人流量大，冰箱在使用以及清洁与保养过程中有许多值得注意的地方，主要如下：

（1）要注意避免冰柜产生异味，如果产生异味，应及时去除。冰柜产生异味主要来自冷藏室，冷冻室除霜化冻时有时也会产生异味。而对冷藏室发出的异味，可直接放入除味剂或电子除臭器等消除，也可以停机对冷藏室进行彻底清洗。而要去除冷冻室中的异味，首先要切断电源，打开箱门，除霜并清洗干净后，再用除味剂或电子除臭器清除。如果没有除味剂等，还可将冰柜的内胆及附件擦洗干净后，放入半杯白酒（最好是碘酒），再关上冰柜的箱门，不通电源，放置 24 小时后，即可将异味消除了。

（2）冰柜应该安放在远离热源，不受阳光直射的地方，因为冰柜在工作时需要与外界进行热交换，即通过冷凝器向外界散热。如果外界环境温度越高，冰柜的散热也会越慢，会使电冰箱和冰柜工作时间延长，增大耗电量，制冷效果也会更差，相对地对冰柜也会有损坏。

（3）冰柜在搬运时应注意移动的角度。首先，在移动时不能将其放在地上拖，其次，箱体最大倾斜角不能超过 45°，更不能倒置或横放，否则会损坏压缩机或使压缩机中的冷冻油流入制冷管路，影响制冷，而且容易造成压缩机脱簧。

四、酒架的清洁和保养

（一）酒架的清洁

酒架位于酒吧后侧，是酒吧陈列酒水、饮料的场所。酒架一般由玻璃、镜面等组成，也可以用木料制作，使用何种制作材料一般根据酒吧的整体装修风格来决定。酒架卫生的基本要求是无灰尘、无污渍，玻璃、镜面光亮整洁。具体的清洁方法是：

（1）将酒架上的酒瓶、装饰物等撤下。

（2）用略湿一点的抹布擦抹酒架。

（3）对玻璃、镜面或木制搁板上的酒渍、污渍喷少许清洁剂，后用抹布擦净。

（4）用干抹布再次将酒架彻底擦抹一遍。

（5）将酒瓶、装饰物擦拭干净后归复原位，摆放酒瓶时注意将商标朝外。

如果是在陈列酒水前清洁酒架，则在酒架清洁工作结束后再开始陈列和布置酒水，酒水上架前必须逐一擦去酒瓶外侧的浮灰和酒渍。

（二）酒架的保养

（1）酒架要摆正、保持酒柜的平稳，同时应避免重物倾轧。

（2）注意酒架表面的清洁卫生，除了定时用棉布清洁表面浮尘外，犄角处的积尘也要清扫干净。酒架表面有污渍时，千万不要使劲猛擦，可以用温茶水去除，然后涂上一些光蜡，轻轻磨拭几次以形成保护膜，最好每年能对酒架进行一次全方位的大清洗。

（3）酒架应做好防晒、通风、防潮、防腐工作。实木酒架应避免阳光直射，在冬天，最好将其搬至距取暖处 1 米左右的地方。在做好防晒工作的同时还应做好防腐、防潮工作，避免酒架因晒开裂、因潮湿变形。实木酒架应放在室温恒定、空气流通顺畅的地方，在它四周 10 米之内最好不要放置任何物品，以免阻碍空气的流通。

（4）一年或两年换一次层架，以免实木层架变形和腐蚀对酒有所影响，在搬动实木酒架时还应注意轻拿轻放，避免尖锐器物在酒架上留下划痕。

（5）金属酒架要避免潮湿，以防生锈，同时，要避免接触酸性物质，以免腐蚀。

五、地面的清洁

酒吧的地面根据酒吧的整体装修风格使用的装修材料有所不同。酒吧地面装修材料一般分为三类：软地面、硬地面和半硬地面。

软地面主要指的是地毯；硬地面包括花岗石、云石、水磨石、地砖等；半硬的地面包括 PVC 地板、木地板、亚麻油毡等。酒吧中应用较广的地面材料主要有地毯、花岗石、云石及木地板，对这几类地面材料的清洁保养方法在酒吧地面清洁中具有一定的代表性。

（一）地毯的清洁保养方法

地毯的清洁以日常清洁保养为主，清洗为辅，日常清洁保养的目的在于尽可能地清除污垢，防止污垢堆积，保持地毯原有的外观。日常清洁保养的方法包括吸尘和点清洁两方面。

1. 吸尘

吸尘是地毯日常清洁保养工作中最基本的一项内容，也是最容易受到忽视的一项工作。吸尘可以除去落在地毯表面及纤维中间的松散形污垢，如浮尘、沙粒等，有助于恢复地毯纤维的外观和弹性；吸尘还可以有效地防止螨虫滋长带来的健康问题。

地毯吸尘的最佳方法是使用带滚刷的直立式吸尘机，每天营业前对地毯吸尘。若条件不允许，也可使用普通的桶式吸尘机吸尘。

2. 点清洁

点清洁也是地毯日常清洁保养工作之一。酒水服务过程中极易将酒水、饮料、咖啡、茶等泼洒在地毯上，甚至会出现食物、口香糖、蜡烛等污物嵌入地毯的现象。这些会在地毯上形成小块或点状的污渍，如果不及时清除将会给日后地毯的清洁带来较大麻烦。

点清洁的基本方法是先尽可能用油灰刀刮除黏滞的以及已干的固体状污垢，或用纸巾吸除未干的液体，然后再根据污垢类型选用相应的清洁剂。为防止污垢扩散，喷射清洁剂时应按照由外围向中心的方式进行，待反应一段时间后，用抹布按同样的方式进行擦抹，或用抽洗机配手动扒头进行冲洗、吸干。

点清洁之后，应注意保护好未干的现场，避免行人、车辆等从上面经过造成二次污染，在无法禁止通行的客用区域，可加盖布或用告示牌来进行保护。

（二）云石的清洁保养方法

云石又名大理石，结构紧密，硬度高，防污、防水及耐磨性能都很好，是一种理想的地面材料，再加上天然色彩丰富，花纹自然美丽，也常用于酒吧的地面装饰。云石地面耐酸性能较差，容易受到酸的腐蚀，碱性物质过多也会冷对它造成伤害，因此，需要专业的清洁保养。云石一般都采用打蜡或晶面处理等方法进行保护，在日常清洁保养中可采用推尘和潮拖两种方法进行维护，这两种方法主要是及时清除地面上的污垢，防止污垢的积聚。

1. 推尘

推尘是一种简单、快捷而又不会产生噪音的除尘方法，可以很快将地面上的松散形污垢聚集在一起，再通过吸尘或其他方式予以清除。酒吧营业过程中无法像饭店大堂那样可以一直进行推尘保洁，一般只能在营业结束后进行，以免影响客人。推尘的基本方法是始终保持推尘头紧贴地面，这样可以避免疏漏，也不会造成尘土飞扬，如果预先在推尘套上喷上静电除尘剂，干燥后再进行推尘，就可以增强推尘头对灰尘的吸附能力，进一步提高推尘效率。

2. 潮拖

推尘所对付的主要是松散形污垢，它对于已经牢牢附着在地面上的黏附性污垢几乎无能为力，这就需要采用潮拖的方法来解决。潮拖一般采用布拖把进行。潮拖时一定要注意水分的控制，避免过湿，拖地时应按从里往外顺序进行，并注意拖地要匀称，不遗漏任何一块地面。如地面污垢较重，需要局部使用中性清洁剂清除污渍后再拖擦地面，如果地面污渍不大，也可以用湿抹布擦拭。

（三）木地板的清洁保养方法

木地板结构较为密实，弹性好，质感美丽，色彩雅致，适于营造接近大自然的氛围，是一种常用于餐厅、酒吧的地面装饰材料。未经处理的天然木地板多孔，耐磨、耐水及防污性能都要稍逊一筹，应采用专用木地板蜡打蜡处理。在日常清洁保养工作中，应避免地面接触水分。木地板的日常清洁保养以推尘为主，必要时也可采用湿拖的方法去污，但一定要注意避免过湿，并在拖过后尽快擦干。

六、注意事项

（一）在酒吧清洁卫生过程中必须注意以下几个方面的问题

（1）爱护酒吧的设备设施，操作时做到轻拿轻放，以减少器具的损坏。

（2）做台面、地面卫生时禁止使用锐利的工具乱刮、乱铲，以免破坏台面和地面的美观。

（3）清洁冰箱、冰柜时，注意不要硬拉硬拽冰箱、冰柜门内侧的密封圈，更不可使用锐利工具铲刮密封圈，以免损坏密封圈而影响冰箱冰柜的制冷效果。

（4）对带电源的机器、设备进行清洁时，应先切断电源，注意操作安全。

（5）使用清洁剂时应严格按照说明书使用正确的操作方法和剂量操作。

（二）酒吧计划卫生标准及清洁时间（仅供参考）

项目	卫生标准	计划卫生时间
门	无脱漆、无污迹、无灰尘、光亮清洁	周一、周六
窗	无污迹、无灰尘、光亮、无蛛网	周一、周四
墙	无污迹、无吊灰、无蛛网、无脏迹、无破损	周一
地毯	无破损、无开裂、无杂物、平整清洁	周一
大理石	无油污、无死角、不油腻、无杂物、干燥、光亮	周四
电灯	灯罩和灯架清洁、无油灰、无蛛网、光亮	周一、周四
空调出风口	无吊灰、清洁卫生、无杂物	周日
瓷器	清洁干燥、无缺口、无破损	每天
玻璃器皿	光亮透明、无油污、无指纹、无破损	每天
各类调酒工具	清洁干净、分类放置	每天
生啤机	清洁干净、无脏迹	周二、周五
制冰机	清洁干净、无脏迹	周二、周五
冰箱、冰柜	内外整洁、无积水、无积垢、运行正常	周三、周六
洗涤槽	干净、无杂物、无茶锈，出水口无污渍、无堵塞	每天
酒架	清洁无污、镜面光亮、无灰尘	每天
贮酒柜	柜内整洁、无杂物、无积垢	周三、周六

（三）常见地毯污渍及其处理办法

一般食物：彻底刮去并吸干，用海绵蘸上清洁剂溶液揩拭并用纱布吸干，然后用海绵蘸上清水揩干、吸干水分。如果难以去除，可用海绵蘸上干洗剂揩拭，并吸干。

血迹：彻底吸干，用蘸上冷水的海绵揩拭，并吸干水分，然后用海绵蘸上清洁剂溶液揩拭，再吸干溶液，最后用海绵蘸上清水揩拭并吸干水分。

黄油：将落在地毯上的黄油全部彻底刮掉，用海绵蘸上干洗剂揩拭，然后吸干。

蜡烛：将落在地毯上的蜡烛斑点彻底刮去，用海绵蘸上干洗剂揩拭，然后吸干。

糖果：将落在地毯上的糖果渣彻底刮去，用海绵蘸上清洁剂溶液揩拭，吸干溶液，然后再用海绵蘸上清水揩拭，并吸干水分，如果不易擦去，可用海绵蘸上干洗剂揩拭，然后吸干。

油腻食物：彻底刮去并吸干，再用海绵蘸上干洗剂揩拭、吸干，然后再用海绵蘸上清洁剂溶液揩拭，吸干溶液，最后用海绵蘸清水揩拭。

饮料、葡萄酒、咖啡、可可等：彻底吸干，用海绵蘸上清洁剂揩拭，吸干溶液，然后再用海绵蘸上清水揩拭，吸干水分。如果色斑难以去除，可用海绵蘸干洗剂或漂白剂除去，吸干溶液后再用清水揩拭，并吸干水分。

油脂类：彻底吸干，用海绵蘸上干洗剂揩拭，然后吸干。

鞋油：彻底吸干或刮去表面油污，海绵蘸上清洁剂揩拭，然后吸干。如果色斑难以去除，可用海绵蘸干洗剂揩拭，并吸干。如果还是不行，可用海绵蘸上漂白剂揩拭，吸干溶液，然后再用海绵蘸清水揩拭，并吸干水分，务求除去色斑。

茶水：彻底吸干，用海绵蘸上清洁剂溶液揩拭，吸干溶液，然后再用海绵蘸上清水揩拭，吸干水分，最后用海绵蘸酸性溶液揩拭，并吸干。

泥浆：让其干结后彻底刮去，用吸尘器彻底吸去。如果难以去除，可用海绵蘸上清洁剂揩拭，吸干溶液，然后再用海绵蘸上清水揩拭，并吸干水分。

口香糖：从地毯上彻底刮去（如果先用冰块冷却一下会更容易些），用海绵蘸上干洗剂揩拭，然后用纱布吸干（另可用特制的“除口香糖喷剂”）。

墨水：彻底吸干，用海绵蘸上清洁剂溶液揩拭，吸干溶液，然后再用海绵蘸上清水揩拭，并吸干水分。如果难以擦去，可用海绵蘸上漂白剂溶液揩拭，吸干溶液，然后再用海绵蘸清水揩拭，并吸干水分。

任务3　营业前准备工作

酒吧营业前的准备工作俗称“开吧”，是酒吧从业人员一天工作的开始。开吧的主要工作内容包括班前例会、清洁卫生、领取当天营业所需物品、酒吧摆设（俗称“设吧”）和调酒准备等多项内容。

一、班前例会

班前例会是酒吧全体工作人员到岗后，在酒吧营业前半个小时由酒吧经理或主管召开的营业前例会。主要会议内容包括：

（1）根据当日班次表进行点名。

（2）检查全体人员的仪表、仪容是否符合酒吧的规范要求；特别留意员工个人卫生的细节，如指甲、头发、鞋袜等。

（3）根据当日情况对人员进行具体工作分工，向员工通告当日酒吧的特色活动以及推出的特价酒水品种、品牌等，使员工明确当日向客人推介的重点。

（4）总结昨日营业情况，对表现好的员工进行表扬；对出现的问题提醒注意，尤其是客人的投诉；强调本日营业期间应注意的工作事项等。

（5）班前例会结束后，各岗位人员应迅速进入工作岗位，并按照班前例会的具体分工和要求，做好开吧前的各项准备工作。

二、领取当天营业所需物品

1. 领取酒水、小食品

每天依据酒吧营业所需领用的酒水数量及上班缺货记录单填写酒水领货单，送交酒吧经理签名，持签名的酒水领货单到库房保管员处领取酒水。注意在领取酒水时应依据酒水领货单，认真核对酒水名称和清点酒水数量，以免产生差错。在核对正确无误后，领货人在酒水领货单上“收货人”一栏签名，以备月后核查。酒水、果汁、牛奶等应尽快放入冷藏柜内冷藏，瓶装酒一般应存入酒柜或在陈列柜上陈列。陈列时应注意摆放合理，开胃酒、利口酒等分开摆放，贵重酒和普通酒分开摆放。

2. 领取酒杯和器具

由于酒杯和一些器具容易破损并有一定的正常损耗，对其及时补充和领用是日常要做的工作。在需要领用时，应严格按照用量和规格填写领货单，再送交酒吧经理签名，持签名的领货单到库房保管员处领取。酒杯和器具领回酒吧后要先清洗、消毒，然后才能使用。

3. 领取易耗品

酒吧易耗品是指杯垫、吸管、鸡尾酒签、餐巾纸、原子笔、各种表格等物品。一般每周领取 1 ~2 次，领用时需酒吧经理签名后才能到库房保管员处领取。

4. 填写酒水、物品记录

一般每个酒吧为方便成本核算和防止丢窃现象的发生，都会设立一本酒水、物品台账。上面应清楚地记录酒吧每日的存货、领用物品的数量、售出的数量以及结存的数量。每个当值的调酒师只要取出“酒水、物品记录簿”，便可一目了然地掌握酒吧各种酒水的数量。因此，当值调酒师到岗后，在核对上班酒水数量以后应将情况记录下来。在本班酒水、物品领取完毕后，也应将领取数量、品名等情况登记在册以备核查。

三、酒吧摆设

1. 酒水、小食品的摆设

补充酒水时一定要遵循“先进先出”的原则，即先领用的酒水先销售，先存放于冷藏柜中的酒水先销售给客人，以免因酒水存放过期而造成不必要的浪费，特别是果汁、碳酸饮料和一些水果类食品更应注意。调酒师将领回的酒水、小食品分类并按其饮用要求放置在合理的位置，对于白葡萄酒、起泡酒、碳酸饮料、瓶装或听装果汁以及啤酒应按酒吧规定的数量配制标准提前放入冷藏柜冰镇。在酒水补充完毕后，将酒吧内的制冰机启动，以保障在营业期间内冰块的正常供应。

2. 瓶装酒的摆设

瓶装酒摆设的原则是美观大方、方便取用、搭配合理、富有吸引力并且具有一定的专业水准。其摆放方法主要有以下几种：

（1）按酒的类别摆放，即依照酒水分类的原则，将不同品种的酒水（如威士忌、白兰地、利口酒等）分展柜依次摆放。

（2）按酒的价值摆放，即将价值昂贵的酒同便宜的酒分开摆放。在酒吧会发现同一类酒水之间的价格差异是很大的。例如白兰地类酒水，便宜的几十元一瓶，贵重的需一万多元一瓶。如果两者摆在一起，显然是不太相称的。

（3）按酒水的生产销售公司摆放，在酒吧，有时会有酒水的生产销售公司买断某个或某几个展柜，用以陈列该公司的酒水，在酒吧起到宣传推广的作用。因此，酒吧在每日“设吧”时，一定要注意按照该公司的要求进行摆放。

在摆放瓶装酒时，还应注意瓶与瓶之间应有一定的间隙，这样既方便调酒师取拿，又可以在瓶与瓶之间摆放一些诸如酒杯、鲜花、水果之类的装饰品，以烘托酒吧的气氛。另外，在瓶装酒的摆放过程中，应将常用酒与陈列酒分开，一般常用酒要放在操作台前伸手可及的位置，以方便日常工作，而陈列酒则放在展柜的高处。

3. 酒杯的摆设

酒吧内酒杯的摆设采用悬挂与摆放两种方式。悬挂式摆设是指将酒杯悬挂于吧台台面上方的杯架内，一般这类酒杯不使用（因为取拿不方便），只起到装饰作用。摆放式摆设是指将酒杯分类整齐地码放在操作台上，这样可以方便调酒师工作时取拿。

酒杯摆放时还应注意：那些习惯添加冰块的酒杯（如柯林斯杯、古典杯等）应放在靠近制冰机的位置，而啤酒杯、鸡尾酒杯则应放在冷藏柜内冷藏备用，那些不需要加冰块的酒杯放于工作台其他空位上。

酒杯是酒吧最主要的服务器皿，其清洁卫生状况的好坏直接影响到客人的健康和饮用情绪。酒吧应严格遵循酒杯的清洁、消毒程序，为客人提供晶莹剔透、清洁卫生的杯具。

四、调酒师调酒准备工作

1. 备好调酒用具和酒杯

按取用方便的原则将洁净的调酒用具和各式酒杯整齐地摆放在操作台上，量杯、吧匙、冰夹要浸泡在干净的水中，鸡尾酒杯、啤酒杯等应放入冷藏柜内冷藏。

2. 冰块准备

用冰桶从制冰机中取出冰块后放在操作台的冰池中，或把冰桶放在操作台上备用。

3. 备好配料和装饰物

配料主要有辣椒油、胡椒粉、盐、糖、豆蔻粉、鲜牛奶、各种果汁、鸡蛋等，应摆放在操作台上备用，同时准备好水果装饰物，如橄榄、樱桃、柠檬、柑、橙等。

任务4　营业中工作

酒吧服务员在完成准备工作后，便可以正式开吧迎客。营业中的服务工作主要涉及迎宾、点酒、调制饮料、调酒、送酒、验酒、开瓶与斟酒、结账等，具体服务流程如下：

一、迎宾服务标准

1. 迎宾服务

客人到达酒吧时，服务员应面带微笑向客人问好，主动热情地问候“您好”、“晚上好”等礼貌性问候语。

迎宾要求：热情礼貌，面带微笑，鞠躬问候。

2. 领坐服务

引领客人到其喜爱的座位入座。单个客人喜欢到吧台前的吧椅就座，对两位以上的客人，服务员可领其到小圆桌就座并协助拉椅，遵照女士优先的原则。

二、点酒服务标准

（1）客人入座后服务员应马上递上酒水单，稍等片刻后，服务员或调酒师再询问客人喜欢喝什么酒水。

（2）服务员应向客人介绍酒水和鸡尾酒的品种，并耐心回答客人的有关提问。

（3）开单后，服务员要向客人重复一遍所点酒水的名称、数目，得到确认以免出错。

（4）服务员要记住每位客人所点的酒水，以免送酒时送错。

（5）酒水单一式三联，填写时要写清日期、台号、酒水品种、数量、经手人及客人的特殊要求等。第一联交收银台记账，第二联由收银员盖章后交吧台取酒水，第三联由调酒师保存。

（6）坐在吧台前吧椅上的客人由调酒师负责点酒（同样也应填写点酒单）。

三、送酒服务标准

（1）服务员应将调制好的饮品用托盘从客人的右侧送上。

（2）送酒时应先放好杯垫和免费提供的佐酒小吃，递上餐巾后再上酒，报出饮品的名称并说："这是您的，请慢用。"

（3）服务员要巡视自己负责的服务区域，及时撤走桌上的空杯、空瓶（听），并按规定要求撤换烟灰缸。

（4）适时向客人推销酒水，以提高酒吧的营业收入。

（5）在送酒服务过程中，服务员应注意轻拿轻放，手指不要触及杯口，处处显示礼貌卫生习惯。

（6）如果客人点了整瓶酒，服务员要按示酒、开酒、试酒、斟酒的服务程序为客人服务。

四、结账服务标准

（1）客人示意结账时，服务员应立即到收银台处取账单。

（2）取回账单后，服务员要认真核对台号、酒水的品种、数量及金额是否准确。

（3）确认无误后，服务员要将账单放在账单夹中用托盘送至客人的面前，并有礼貌地说："这是您的账单和找回的零钱。"向客人道谢，并欢迎客人下次光临。

五、服务细节注意事项

（1）员工在工作中，要注意微笑、礼貌、热情迎宾，合理给客人安排位置。

（2）注意点酒水时各种推销技巧的应用，买单时必须唱单，如果有找零一定要给买单的客人，要让客人明白消费。

（3）注意上酒水的速度，如果收银台有客人，一定要自动排队打单。

（4）注意台面的摆放，保证台面的整洁美观，如酒水，小吃，果盘，烟缸等。

（5）对于酒水和果盘的赠送一定要大声告诉客人：这是××经理或主管赠送的。

（6）一定要随时注意烟灰缸、斟酒及点烟，做到超前服务。

（7）给过生日的客人要送果盘，并通知管理人员去祝贺。

（8）备藏柜上的冰桶或小吃必须用托盘盖住。

（9）员工应每5分钟整理台面一次，多余的酒杯和空酒瓶要勤收勤换，烟缸内不得有3个烟头。

（10）要根据情况把多余的凳子搬出，方便客人跳舞，不要妨碍客人过路，如发现有坏的凳子马上给工程部维修。

（11）如管理人员和客人喝酒的时候必须换上干净的杯具，并要保护好管理人员，在客人不注意时尽量给管理人员倒饮料。

（12）在人多的时候让客人先过，对客人点头微笑问候。

（13）各个区域的转台必须以客人为中心，满足客人要求，不能恶意转台，及时还单。

（14）整个服务过程中客人要找管理人员时服务员必须第一时间给客人回应。

（15）客人离开时，服务员应提醒客人是否存酒，并送上存酒卡，客人签字确认以后把客人联交给客人，并说明存酒期限，并把客人联给客人，提醒客人带好随身物品并礼貌送客。

（16）客人走后迅速清理台面，按照清台不收台的标准摆放，及时通知迎宾员、领班、管理人员，以便迎接新的客人。

任务5　营业后工作

酒吧在结束了一天的营业后善后工作是至关重要的，只有做好后续清理工作才能保证第二天的正常营业，营业后工作程序包括清理酒吧、完成每日工作报告、清点酒水、检查火灾隐患、关闭电器开关等，具体遵循的规章制度及工作程序如下：

1. 清理酒吧

营业时间到点后要等客人全部离开后，才能动手收拾酒吧，绝不允许赶客人出去。首先，清洗所有酒吧用具，其中包括清洗并擦拭干净所有的脏玻璃杯，以及清洗量酒器和摇酒器，先把脏的酒杯全部收起送清洗间，必须等清洗消毒后全部取回酒吧才算完成一天的任务，不能到处乱放。桶要送清洗间倒空，清洗干净，否则第二天早上酒吧就会因发酵而充满异味。其次，把所有陈列的酒水小心取下放入柜中，散卖和调酒用过的酒要用湿毛巾把瓶口擦干净再放入柜中。水果装饰物要放回冰箱中保存并用保鲜纸封好。凡是开了罐的汽水、啤酒和其他易拉罐饮料（果汁除外）要全部处理掉，不能放到第二天再用。最后，酒水收拾好后，酒水存放柜要上锁，防止失窃。酒吧台、工作台、水池要清洗一遍，酒吧台、工作台用湿毛巾擦抹，水池用洗洁精洗。单据表格夹好后放入柜中。同时，确保清理过的所有吧椅、吧桌，包括撤走所有用过的用具，桌面及座椅保持干净，无尘土及污物，水池里干净、无污迹。

2. 清理吧内地面，倒垃圾

用拖把将地面擦拭干净，确保地面清洁、干燥、无污迹；将吧台内所有垃圾倒掉，保证垃圾桶干净、无污迹。

3. 清点酒水

把当天所销售出的酒水按第二联供应单数目及酒吧现存的酒水准确数字填写到酒水记录簿上。这项工作要细心，不准弄虚作假，不然的话所造成的麻烦是很大的，特别是贵重的瓶装酒要精确到0.1瓶。要注意检查和记录酒水实际存数，理论盘存和实际盘存数量必须相等，将所有酒水整齐地码放入酒柜，并锁好，进口烈酒空瓶单独收集存放，其他需回收的玻璃瓶收入指定的盒、箱中。

4. 检查火警隐患

全部清理、清点工作完成后要把酒吧整个检查一遍，看有没有会引起火灾的隐患，特别是掉落在地毯上的烟头，消除火灾的隐患在酒店中是一项非常重要的工作，每个员工都要担负起责任。

5. 每日工作报告

主要包括当日营业额、客人人数、平均消费、特别事件和客人投诉。每日工作报告主要供上级掌握各酒吧的营业详细状况和服务情况，同时，每日营业报告应统计准确，及时记录酒吧当天发生的事情。

6. 关闭电器开关，并锁门

除冰箱外所有的电器开关都要关闭，包括照明、咖啡机、咖啡炉、生啤酒机、电动搅拌机、空调和音响，再次检查酒吧的安全情况，锁好酒吧大门及侧门。

7. 其他工作

最后留意把所有的门窗锁好，再将当日的供应单（第二联）与工作报告、酒水调拨单送到酒吧经理处。通常酒水领料单由酒吧经理签名后可提前投入食品仓库的领料单收集箱内。

以上内容就是关于酒吧营业后应遵循的规章制度及工作程序的相关内容。

【实训与评价】

[实训目的]

（1）掌握服务礼仪、语言技巧。

（2）能够进行酒吧服务中日常会话，能按照酒吧的标准来纠正自己的仪容仪表。

[实训内容]

酒吧服务模拟实训操作。

（1）以学生为主，让学生分成三组，一组讨论服务人员的仪容仪表的标准；一组讨论服务人员的语言礼仪的标准；一组讨论服务人员的服务礼仪的标准。

（2）教师提出要求和注意事项，引导学生观察和思考。

（3）教师针对学生实训时存在的问题及时加以纠正和进行评述。

（4）各小组派一个代表宣读自己设计的服务人员礼仪标准。

（5）同学们进行补充说明，进行辩论。

（6）教师最后纠正并做出评价。

[实训步骤]

全体同学按照标准进行礼仪的实操。

（1）首先仪容仪表的训练，学生两人一组，互相检查仪容仪表，不合要求的地方互相纠正（当然在上节课就要求学生做好准备，男学生的长头发一定要修剪，女学生的指甲有染指甲油的一律洗去）。

（2）第二要进行服务礼仪的实操。

1）“立如松”是指人的站立姿势要像青松一般端直挺拔。按照服务标准，学生安静站立10分钟。

2）优美的走姿，应该是表情自然放松，昂首收颌挺胸直腰提髋，两臂自然下垂前后摆动，下肢举步、脚尖脚跟相接相送。

3）引领客人的礼仪。

4）介绍礼仪。

5）交谈礼仪。

6）握手礼仪。

（3）语言礼仪实操。学生站成两排，由教师带领训练礼貌语言：

您好，先生/小姐。　　先生/小姐，欢迎光临。

这边请。　　先生/小姐，小心台阶。

对不起，先生/小姐。　　谢谢您，先生/小姐。

打搅您了。　　请问。

再见，先生/小姐，请走好。　　先生/小姐，让您久等了。

［实训评价］

班级：　　姓名：　　总分：

序号	项目	要　求	应得分	扣分	实得分
1	仪容仪表	1. 按酒吧要求，保持个人良好的仪表、仪容、仪态，着装校服，佩戴校卡	5分		
		2. 以规范的仪容仪表迎接客人	5分		
		3. 行走、站姿正确，行为规范有礼	5分		
		4. 对客人微笑、行注目礼	5分		
2	操作技巧	1. 礼貌用语的使用	10分		
		2. 服务态度热情、友好	10分		
		3. 操作程序熟练	10分		
3	操作程序	1. 按照酒吧的标准，学生安静站立10分钟	10分		
		2. 优美的走姿	5分		
		3. 引领客人的礼仪	5分		
		4. 介绍礼仪	5分		
		5. 交谈礼仪	10分		
		6. 握手礼仪	5分		
		7. 语言礼仪实操	10分		
备　注		1. 每组操作时间不能超过3分钟 2. 每组之间句型内容不能重复			

模块小结

（1）员工服务礼仪主要涉及哪些内容？

（2）员工素质要求主要涉及哪些内容？

（3）酒吧吧台和工作台清洁流程有哪些？

（4）酒吧冰柜清洁流程需要注意哪些事项？

（5）酒吧酒架清洁流程及注意事项有哪些？

（6）酒吧中杯具及调具的清洁流程及注意事项有哪些？

（7）酒吧营业前应准备哪些？注意事项包括什么？

（8）酒吧营业中应注意什么？

（9）酒吧营业后的工作流程主要有哪些内容？

参考文献

［1］边昊，朱海燕．酒水知识与调酒技术［M］．中国轻工业出版社，2010.

［2］田芙蓉．酒水服务与酒吧管理［M］．云南大学出版社，2007.

［3］劳动和社会保障部教材办公室．酒水服务与鸡尾酒调制实训［M］．中国劳动社会保障出版社，2005.

［4］傅生生．酒水服务与酒吧管理［M］．东北财经大学出版社，2011.

［5］牟昆．酒水服务与酒吧管理（第 2 版）［M］．清华大学出版社，2014.

［6］单铭磊．酒水与酒文化［M］．中国财富出版社，2011.

［7］殷开明，王建芹．新编酒水服务与酒吧管理［M］．南京大学出版社，2013.

［8］胡柏翠．酒水服务与酒吧管理［M］．电子工业出版社，2011.

［9］申琳琳．酒水服务与酒吧管理［M］．北京师范大学出版集团，2011.

［10］盖艳秋，王金茹．酒水服务与管理［M］．中国铁道出版社，2012.

［11］佟童．新编吧台与酒水操作［M］．辽宁科学技术出版社，2010.

［12］费寅．酒水知识与调酒技术［M］．机械工业出版社，2012.